Ilker Akgun
Huseyin Soyoz

Capacidade de evacuação de emergência de uma escada rolante

Ilker Akgun
Huseyin Soyoz

Capacidade de evacuação de emergência de uma escada rolante

Uma abordagem baseada na simulação

ScienciaScripts

Cover image: www.ingimage.com

This book is a translation from the original published under ISBN 978-3-659-85547-4.

Publisher:
Sciencia Scripts
is a trademark of
Dodo Books Indian Ocean Ltd. and OmniScriptum S.R.L publishing group

120 High Road, East Finchley, London, N2 9ED, United Kingdom
Str. Armeneasca 28/1, office 1, Chisinau MD-2012, Republic of Moldova, Europe
Managing Directors: Ieva Konstantinova, Victoria Ursu
info@omniscriptum.com

Printed at: see last page
ISBN: 978-620-8-40339-3

Índice:

Capítulo 1

1 INTRODUÇÃO

Atualmente, o mundo está a urbanizar-se a um ritmo crescente. Isto está a exigir um desenvolvimento vertical com arranha-céus, passeios e desenvolvimentos subterrâneos como extensão do transporte de massas. Este novo desenvolvimento tem muitas consequências, mas trouxe especialmente muitos desafios para os peões. Por conseguinte, estes enfrentaram os movimentos verticais lado a lado com os horizontais. As escadas, as escadas rolantes, os elevadores e as passadeiras rolantes podem ser mencionados como as ferramentas que facilitam e dão forma a estes desafios. Entre elas, as escadas rolantes são as mais distintas e preferidas pelos projectistas e construtores nas cidades grandes e apinhadas de gente. As escadas rolantes são máquinas acionadas a motor, inclinadas e em movimento contínuo, utilizadas para elevar ou baixar pessoas, em que a superfície de transporte do utilizador (por exemplo, degraus) permanece horizontal. Uma escada rolante pode melhorar consideravelmente o acesso ao edifício para os peões que se deslocam a pé e otimizar o fluxo de peões no interior do edifício.

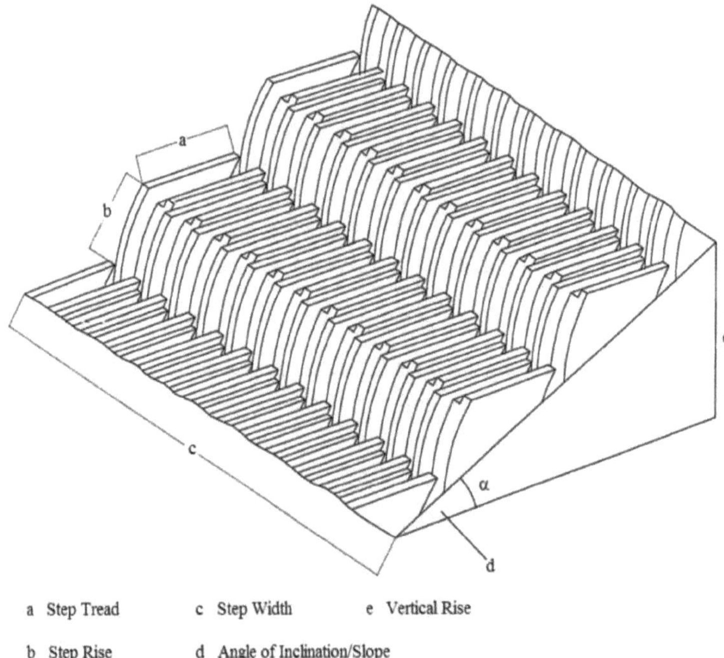

Figura 1-1: Dimensões principais de uma escada rolante

Todas as escadas rolantes estão sujeitas a determinadas normas. Existem normas

internacionais e nacionais que definem regras de segurança para escadas e tapetes rolantes, a fim de proteger pessoas e objectos contra riscos de acidentes. Por exemplo, o equipamento das escadas rolantes deve estar em total conformidade com a norma europeia (EN) 115-1 "Regras de segurança para a construção e instalação de escadas rolantes e tapetes rolantes" nos países da União Europeia e com a norma da American Society of Mechanical
Engineers (ASME) A17.1 "Safety code for Elevators and Escalators" nos Estados Unidos (ASME, 2008;EN115, 1995) . Estas normas para escadas rolantes são também amplamente utilizadas e referidas em todo o mundo, para além das normas nacionais. Por conseguinte, ao longo deste estudo, a terminologia, as definições e os parâmetros máximos e mínimos permitidos para as escadas rolantes estão em conformidade com as normas EN 115-1 e ASME A17.1. Uma vez que as escadas rolantes são escadas móveis, as dimensões principais de uma escada rolante são as seguintes

- Dimensões da etapa: Existem três subdimensões num degrau: O piso do degrau, a largura do degrau e a elevação do degrau. Uma vez que os degraus são partes que transportam os peões, a largura de um degrau de uma escada rolante é a distância da esquerda para a direita ao longo dos seus degraus, medida numa linha perpendicular à direção do seu movimento (Figura 1-1-c). A profundidade de cada degrau é a profundidade do piso (Figura 1-1-a). A altura do degrau é a altura de cada degrau (Figura 1-1-b).
- Ângulo de inclinação/ declive: O ângulo de inclinação é o ângulo máximo em relação à horizontal em que os degraus se movem e é medido em graus (Figura 1-1-d).
- Subida vertical: A subida vertical é a diferença de altura entre o nível do degrau na sua extremidade inferior e o nível do degrau na sua extremidade superior. Esta medida é registada em unidades de comprimento.
- Velocidade da correia: A velocidade da correia é a taxa de deslocação dos degraus, medida ao longo da linha central dos degraus na direção da deslocação, com carga nominal nos degraus.

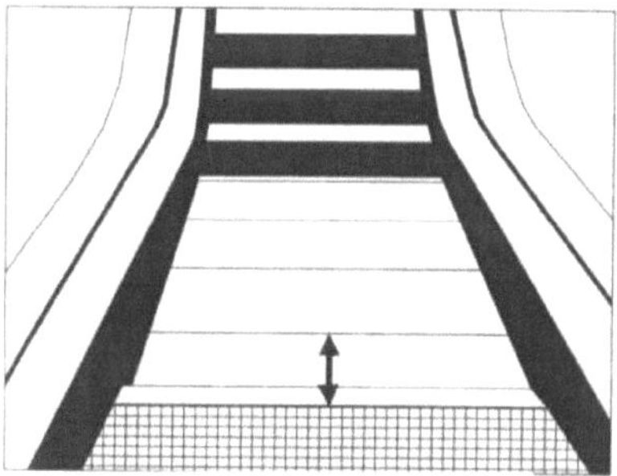

Figura 1-2: Degraus planos

- Degraus planos: Os degraus planos são necessários em ambas as extremidades de uma escada rolante para permitir que os peões entrem e saiam em segurança do degrau em movimento (Figura 1-2). Os degraus planos são importantes porque, ao embarcar, permitem que os peões se estabilizem e posicionem corretamente os pés nos degraus e, ao desembarcar, os degraus planos permitem que os peões saiam em segurança do degrau em movimento antes de os seus pés tocarem nos pentes.

Os valores máximos e mínimos permitidos para as dimensões principais das escadas rolantes, de acordo com as normas EN 115-1 e ASME A17.1, são apresentados no Quadro 1-1.

O bom funcionamento das escadas rolantes e a capacidade de carga de uma escada rolante dependem principalmente dessas dimensões principais. Na literatura, há estudos relacionados com os efeitos das dimensões principais das escadas rolantes: Um modelo de regressão múltipla de Davis analisou o efeito de subida das escadas rolantes dentro da sua capacidade (Davis e Dutta, 2002). Tyler e Fujiyama estudaram o efeito do ângulo de inclinação das escadas na velocidade de deslocação dos peões (Fujiyama e Tyler, 2004). Li, Chen, Ji, Zhang e Sun discutiram a forma como a largura efectiva das escadas afecta a evacuação (Yi-fan et al., 2011).

Quadro 1-1: Dimensões principais da escada rolante segundo a norma EN 115/ASME

Escada rolante Dimensão principal	**Valores permitidos**	
	EN-115-1	**ASME A17.1**
Largura do passo	>0,58 m e <1,10 m	0,6 m, 0,8 m e 1,0 m
Degrau	> 0.38 m.	>0.40 m
Subida de degraus	<0.24 m.	<0.22 m
Subida vertical	Sem limite	Sem limite
Ângulo de inclinação (Slope)	<30°-35°	<30°+ 1°
Velocidade da correia	0,75 m/s para <30° de inclinação 0,50 m/s para >30°-35° declive	< 0,5 m/s (100 pés/min)
Degrau plano	2 para elevação vertical > 8,077 m, 3 para elevação vertical >7,569 m	Mínimo 2 e máximo 4

A capacidade de transporte da escada rolante é geralmente definida como o fluxo máximo de peões que pode passar pela escada rolante durante um determinado período de tempo, com base na tecnologia de escada rolante disponível. Os caudais medidos das escadas rolantes apresentam geralmente capacidades de transporte na ordem dos 4000-6000 peões por hora. A gama de valores foi revelada entre uma diversidade de fontes, consistindo em 5400 da publicação do fabricante (Elevator, 2004), uma estimativa um pouco mais elevada de 6400 peões por hora por Fruin, centrada apenas em estatísticas de peões (Goodman, 1992), e uma gama determinada por uma definição empírica de cerca de 4100 a 5400 peões por hora com base na combinação da largura do piso, velocidade do tapete rolante e ângulo de inclinação da unidade específica (Turner, 1998). O'Neill destaca estes valores, apesar da escada rolante de 48" já não ser legalmente permitida (O'Neil, 1974). Estudos posteriores avançaram na análise da capacidade em cada camada de uma escada rolante para apresentar a capacidade da linha de pé e da linha de passeio num cenário de representação de preferência comportamental (Davis e Dutta, 2002; Sutthawassuntorn, 2010). A capacidade máxima das escadas rolantes de acordo com a norma ASME A17.1 é apresentada na Tabela 1-2.

Quadro 1-2: Capacidade máxima das escadas rolantes de acordo com a norma ASME A17.1

Largura do degrau (mm)	**Velocidade da correia (m/s)**		
	0.50	**0.65**	**0.75**
600	3600 pessoas/h	4400 pessoas/h	4900 pessoas/h
800	4800 pessoas/h	5900 pessoas/h	6600 pessoas/h
1000	6000 pessoas/h	7300 pessoas/h	8200 pessoas/h

A capacidade teórica de transporte da escada rolante é proporcional ao número de degraus por hora multiplicado pelo número de peões que cada degrau pode acolher. A capacidade de evacuação da escada rolante pode ser calculada através de fórmulas empíricas obtidas anteriormente. Quando o sistema da escada rolante funciona com capacidade total, o número de peões que podem ser transportados é calculado pela seguinte equação: (Kauffmann, 2011).

Capacidade teórica = (passos por hora) x (peões por passo) (1)
= (velocidade do tapete) x (passo/passo) x (peões por passo)
= (0,5 m/s) x (1 degrau/0,4 m) x (2 peões/ degrau) =2,5 peões/s
= (2,5 peões/s) x (3600) = 9000 peões/hora

Por exemplo, numa escada rolante típica com uma velocidade de tapete de 0,5 m/s, um degrau de 0,4 m e uma largura de degrau com capacidade para dois peões, a capacidade teórica é de 9000 peões por hora, utilizando a Eq.1. No entanto, a capacidade prática pode ser inferior à capacidade teórica porque esta formulação só é relevante se a escada rolante estiver a funcionar a plena carga, o que só ocorre durante as horas de ponta. Embora este método seja fácil, tendo em conta a sua aplicação, afasta-se do resultado real quando a capacidade e o tempo de evacuação são calculados, porque a largura do degrau, o ângulo de inclinação da escada rolante, o piso do degrau e a subida do degrau não são os únicos factores que afectam a capacidade de evacuação da escada rolante. Devem ser tidos em conta outros factores importantes que podem influenciar a capacidade de transporte:

- A velocidade de deslocação dos peões é ignorada,
- O comportamento dos peões não é tido em conta,
- As caraterísticas físicas dos peões são ignoradas,
- A conceção dos edifícios é ignorada,
- Parte-se do princípio de que cada etapa é suscetível de ser ocupada a 100%.

Por conseguinte, os cálculos de capacidade são complicados, uma vez que são afectados por uma série de critérios. A capacidade de carga das escadas rolantes é uma questão importante porque a conceção do edifício é diretamente afetada. Em situações de emergência, como incêndios em edifícios com muita gente, a capacidade de carga das escadas rolantes "Capacidade de Evacuação de Emergência" é ainda mais importante, uma vez que pode causar a morte de pessoas. A evacuação de emergência é o movimento imediato e rápido de peões para longe da ameaça ou da ocorrência efectiva de um perigo. A evacuação de emergência pode ser efectuada antes, durante ou depois de catástrofes naturais, como inundações, furacões, terramotos, etc., ou de perigos específicos, como incêndios, acidentes de viação, ataques terroristas, falhas estruturais, etc. Nos fenómenos de evacuação de emergência, os peões dirigem-se ansiosamente para a saída e a dinâmica dos peões apresenta muitas caraterísticas da dinâmica das multidões. Podem observar-se os seguintes fenómenos de efeitos colectivos/auto-organização durante a evacuação:

- Pânico: O pânico é um medo ou ansiedade súbita e incontrolável, muitas vezes causando um comportamento irrefletido (Jacobs e t Hart, 1992; Miller, 2013; Turner e Killian, 1964).
- Multidão: A multidão é uma aglomeração de muitas pessoas na mesma área ao mesmo tempo (Helbing et al., 2002).
- Herding: Herding significa "ir com a corrente" ou "seguir a multidão" (Schadschneider et al., 2009).
- Stampede: Stampede é "como um rebanho" e é usado em zoologia para grandes mamíferos, como os búfalos, que correm coletivamente numa só direção e podem ultrapassar quaisquer obstáculos. O termo "debandada" também é por vezes utilizado para designar acidentes com multidões (Still, 2000). Além disso, presume-se que está correlacionado com o pânico. Assim, uma debandada pode ser o resultado do "pânico da multidão" ou vice-versa.
- Arqueamento: O arqueamento é observado perto da entrada de uma escada rolante. Os peões aglomeravam-se junto à entrada de uma escada rolante com camadas limite arqueadas, pelo que cada peão se encontrava no local e à mesma distância do ponto central da saída (Pelechano e Adviser-Badler, 2006).

- Empastelamento: A maioria das densidades tem muitos fenómenos de interferência. Por exemplo, muitas pessoas fazem algo ao mesmo tempo. Isto é típico de uma situação de estrangulamento. Outros tipos de congestionamento ocorrem no caso de contra-fluxo, em que dois grupos de peões se bloqueiam mutuamente (Muramatsu, Irie e Nagatani, 1999).
- Ondas de densidade: As ondas de densidade em multidões de peões podem ser classificadas como variações de densidade quase periódicas no espaço e no tempo. Por exemplo, quando há um movimento num corredor cheio de gente (por exemplo, em estações de metro próximas da densidade que provoca uma paragem completa do movimento), observa-se um fenómeno semelhante ao do pára-arranca do tráfego automóvel (Peng e Herrmann, 1994).

Por conseguinte, em situações de emergência, quando os peões entram nas escadas rolantes, a capacidade da escada rolante, enquanto ponto de estrangulamento, desempenha um papel crucial. A escada rolante, enquanto caminho de estreitamento, deve ser suficientemente alta para que os peões possam evacuar em segurança. Em situações de emergência, devido às suas caraterísticas estruturais, necessitam de uma atenção especial e de abordagens diferentes em comparação com outras partes do edifício para a evacuação de emergência.

Neste estudo, as nossas principais questões de investigação são: (1) Como é que as principais dimensões da escada rolante, o edifício e o comportamento dos peões afectam a capacidade de transporte? E (2) qual é a capacidade de evacuação? Na literatura, a velocidade de marcha foi considerada como uma velocidade média e a interação entre os peões devido ao pânico e ao tempo de reação foi ignorada. Neste estudo, os movimentos dos peões na escada rolante apresentam alterações devido ao facto de a velocidade dos peões variar em função do sexo e da idade. Examinaremos de que forma o facto de passarem uns pelos outros afecta a capacidade de evacuação em função do sexo e da idade e das caraterísticas dos peões durante a evacuação de emergência na escada rolante.

Em primeiro lugar, na secção 2, são analisadas as principais abordagens de modelação da dinâmica dos peões em escadas rolantes na literatura. Nas secções 3 e 4, é fornecida uma breve informação sobre o modelo concetual e a abordagem proposta. Na secção 5, é apresentada a abordagem proposta, comparando-a com a abordagem clássica. Para mostrar uma aplicação do método proposto, fizemos uma experiência com uma escada rolante típica e discutimos os resultados. Na secção 6, é apresentada uma análise exploratória para avaliar os resultados da simulação.

Capítulo 2

2 Revisão da literatura

"Na literatura, a captação do comportamento dos peões é designada por dinâmica pedonal (DP) (Klingsch et al., 2010). A DP é o domínio mais proeminente da ciência dos transportes. Se a dinâmica do fluxo de peões for compreendida, a conceção de áreas públicas com o objetivo de diminuir a perda de vidas e de bens resultante de catástrofes é realçada. A DP é também útil em muitos contextos, como a arquitetura (Okazaki, 1979), o planeamento urbano (Jiang, 1999), a utilização dos solos (Parker et al., 2003), o marketing (Borgers e Timmermans, 1986) ou as operações de tráfego (Nagel, 2004). A complexidade do DP advém da presença de padrões de comportamento colectivos (como agrupamentos, faixas de rodagem e filas) que evoluem a partir das interações entre um grande número de indivíduos. Por isso, foi utilizada uma variedade de modelos pedonais para simular os movimentos dos peões. Também não é fácil captar os fluxos de peões no processo de evacuação em caso de emergência, uma vez que os comportamentos e emoções humanos, como o pânico, definem a evacuação de peões como uma atividade complexa. Além disso, é muito difícil simular evacuações reais. Por conseguinte, os investigadores tomam em consideração modelos de simulação no estudo do comportamento dos peões. Foram destacados muitos modelos de apoio diferentes que se centram no fluxo de partículas (Helbing, 1998; Helbing et al., 2003), na força social (Helbing, Farkas e Vicsek, 2000; Helbing e Molnar, 1995; Helbing et al, 2001;Okazaki e Matsushita, 1993) e autómatos celulares (CA) (Burstedde et al., 2001;Fang et al., 2010;Kirchner et al., 2004;Sarmady, Haron, e Talib, 2011;Varas et al., 2007). Nos modelos de fluxo de partículas e de força social, são utilizados modelos físicos para simular o movimento. O ambiente é separado em células onde os peões se deslocam nos modelos CA. Existem pontos fortes e fracos em cada modelo.

Neste estudo, os modelos de DP são sistematicamente revistos e as abordagens de modelação são categorizadas de acordo com cinco caraterísticas: nível, tipo, incerteza, estatuto e fidelidade, que são descritas na Figura 2-1 (Schadschneider et al., 2009).

Na Figura 2-1, existem dois níveis de caraterísticas das abordagens de modelação: modelos microscópicos e modelos macroscópicos. No primeiro caso, a modelação microscópica é definida numa abordagem ascendente em que as pessoas são capturadas como entradas individuais que podem possuir valores únicos como velocidade e tamanho. As fórmulas e regras que enquadram as oportunidades de transição são continuamente implementadas, o que leva a alterações frequentes no estado ou no comportamento. Os modelos microscópicos são intensos em termos de computação, na simulação de grandes populações em sistemas tradicionais. No entanto, a limitação foi alargada por métodos de computação paralela em certos casos (Lim, 2011). Os modelos baseados em partículas e autómatos celulares são amostras de modelos microscópicos. O modelo de força social de Helbing é amplamente conhecido entre outras amostras referenciadas. No segundo caso, o modelo macroscópico é enquadrado numa abordagem descendente em que os parâmetros do modelo estão ligados à dinâmica colectiva dos peões através de uma fórmula fechada, independentemente da diferenciação das partes constituintes. As multidões são definidas em grupos com aspectos como a velocidade média, a densidade espacial e a taxa de fluxo em relação à localização e ao tempo do edifício. Cada movimento dos evacuados, como alterações das direcções locais, não é representado de forma proeminente. Por conseguinte, os modelos macroscópicos são eficazes em termos de cálculo, uma vez que permitem a simulação de grandes multidões com relativa facilidade.

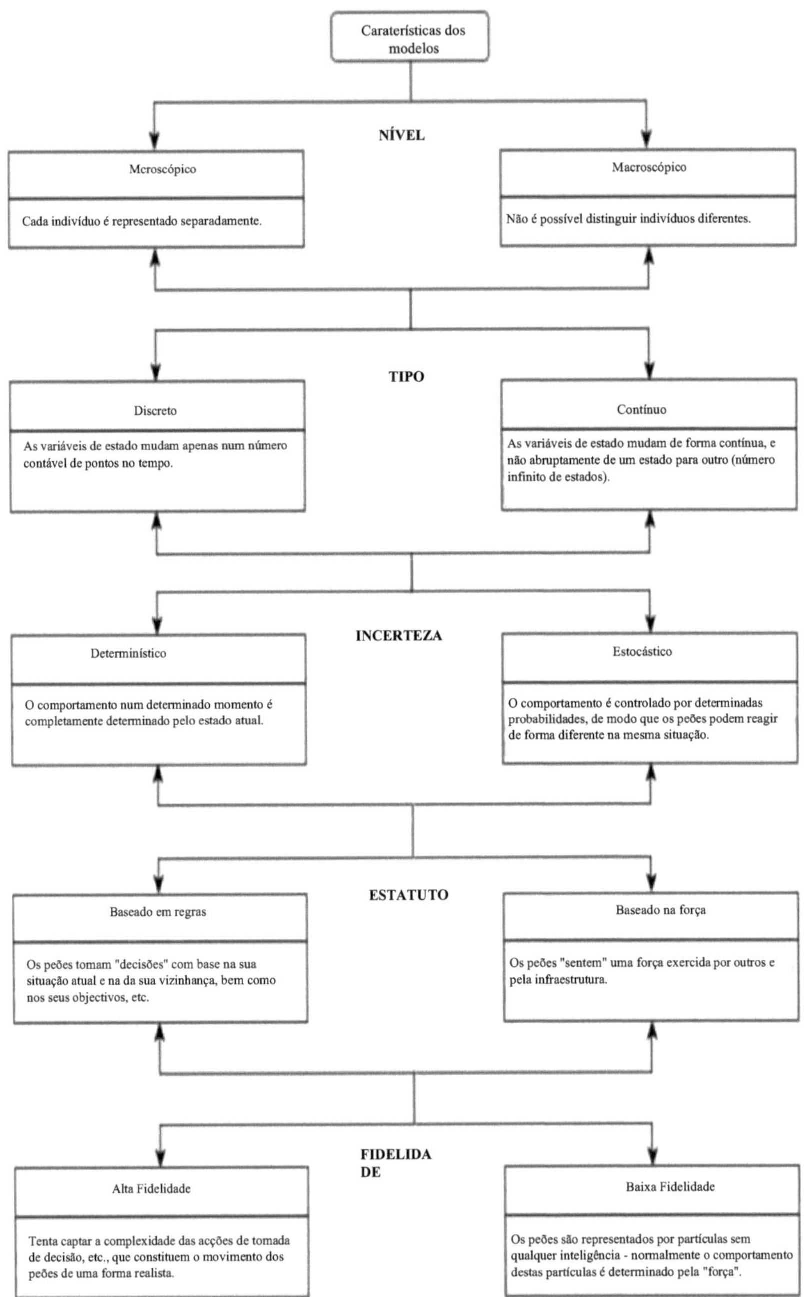

Figura 2-1: Caraterísticas dos modelos de DP

As amostras de modelos macroscópicos consistem em modelos de filas de espera (L0vas, 1994; MacGregor Smith, 1991), de redes (Choi et al., 1984) e de dinâmica de fluidos, entre outros. Um dos exemplos clássicos do modelo é apresentado num trabalho inicial de Chalmet, Francis e Saunders (Chalmet, Francis e Saunders, 1982). Embora estes modelos sejam bastante bons a regenerar os perfis gerais de densidade-fluxo observados na população em evacuação (Colombo e Rosini, 2005; Helbing, Johansson e Al-Abideen, 2007), os modelos macroscópicos não conseguem explicar os fenómenos emergentes das multidões.

Existem dois tipos de caraterísticas de abordagens de modelação: discretas e contínuas. Ao modelar a evacuação do peão, existem diferentes variáveis, como a velocidade, o sexo e o grupo etário do peão. Antes da modelação, é necessário determinar a variação destas variáveis ao longo do tempo. Se as variáveis mudarem apenas em pontos discretos do tempo, deve ser utilizado o modelo de sistema discreto como modelo, caso contrário, se as variáveis de estado do modelo mudarem continuamente ao longo do tempo, deve ser utilizado o modelo de sistema contínuo.

Existem duas caraterísticas de incerteza nas abordagens de modelação: determinística e estocástica. Em caso de evacuação de emergência, o comportamento das pessoas altera-se por razões como o pânico, a probabilidade de queda, a carga transportada e as crianças. Nestes casos, no estabelecimento de cada modelo, ocorrem diferentes estrangulamentos, tempos de evacuação e capacidades. Por este motivo, o modelo a estabelecer deve estar sujeito a diversas variáveis aleatórias. A inclusão de variáveis aleatórias num modelo significa que o sistema não pode ser previsto. Nos sistemas determinísticos, não existem quaisquer variáveis aleatórias no sistema e o comportamento do sistema pode ser totalmente previsto. E nos sistemas estocásticos, há uma ou mais variáveis aleatórias, e o comportamento do sistema não pode ser totalmente previsto.

Existem dois estatutos caraterísticos das abordagens de modelação: baseados em regras e baseados em forças. As interações entre os agentes podem ser aplicadas, pelo menos, de duas formas diferentes: Numa abordagem baseada em regras, os agentes tomam "decisões" com base na sua situação atual e na da sua vizinhança, bem como nos seus objectivos, etc. Esta abordagem centra-se nos aspectos intrínsecos dos agentes, pelo que as regras são frequentemente justificadas pela psicologia. Nos modelos baseados na força, os agentes "sentem" uma força exercida pelos outros e pela infraestrutura. Por conseguinte, dá ênfase aos aspectos extrínsecos e à sua coerência com o movimento dos agentes. É uma abordagem física baseada na observação de que a presença de outros leva a desvios de um movimento retilíneo. Em comparação com a mecânica newtoniana, é uma força que é responsável por esses momentos.

Existem duas caraterísticas de fidelidade das abordagens de modelação: Alta e Baixa fidelidade. A precisão refere-se ao realismo aparente da abordagem de modelação neste sentido. Os modelos de alta precisão tentam captar a complexidade da tomada de decisões, das acções, etc., que constituem o movimento dos peões de uma forma realista. Em contrapartida, nos modelos mais simples, os peões são representados por partículas sem qualquer inteligência. Em geral, o comportamento destas partículas é determinado por "forças". Por exemplo, esta abordagem pode ser alargada, permitindo diferentes estados "internos" das partículas, de modo a que estas reajam de forma diferente à mesma força, dependendo do estado interno. Isto pode ser interpretado como uma espécie de "inteligência" e conduz a abordagens mais complexas, como os modelos multi-agentes.

Com base nesta categorização, o modelo proposto é microscópico, discreto, estocástico, baseado em regras e de alta fidelidade.

Capítulo 3

3 Estimativa da capacidade de evacuação de emergência

Como o objetivo deste estudo é estimar a capacidade de evacuação de uma escada rolante, foram desenvolvidos três modelos: modelo pedonal, modelo da escada rolante e modelo do edifício (Figura 3-1).

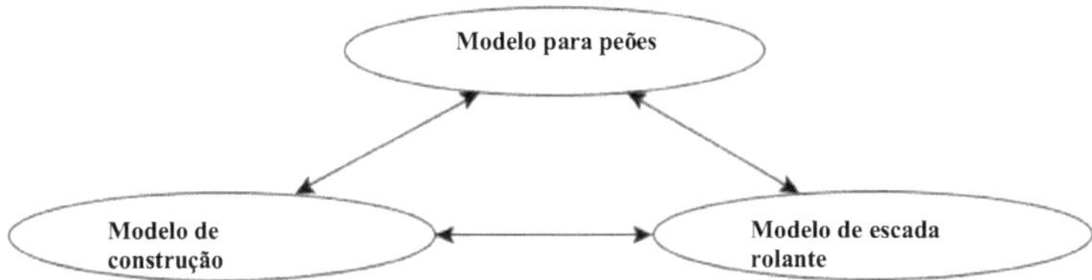

Figura 3-1: Modelo de capacidade de evacuação de emergência

No modelo de peões, são modelados o comportamento dos peões em escadas rolantes em movimento, a aceleração/desaceleração, a mudança de direção e as caraterísticas antropométricas dos peões. Durante esta investigação, os peões são categorizados pela sua idade e sexo e, de acordo com esta categorização, são analisadas as suas diferentes velocidades e caraterísticas antropométricas. No modelo da escada rolante; a escada rolante como um ambiente é modelada por Autómatos Celulares considerando as dimensões principais da escada rolante, as caraterísticas antropométricas dos peões e as atitudes de mudança de direção. No modelo do edifício, a superfície da plataforma em que se insere e a sua capacidade de comportar peões são também factores importantes para o cálculo da capacidade de evacuação. Em seguida, o efeito da alteração da intensidade e da velocidade será analisado em paralelo com a alteração da quantidade de peões e o tamanho das plataformas e a área de captação que se encontra à entrada da escada rolante mede diferentes dimensões. Estes três modelos são descritos em pormenor nas secções seguintes.

3.1 Modelo pedestre

Para garantir que uma escada rolante consegue lidar com o aumento do fluxo de peões em caso de emergência, é necessário ter mais conhecimentos sobre o comportamento dos peões. Para modelar de forma realista o comportamento de evacuação dos peões, foram desenvolvidos três submodelos para o modelo proposto: modelo de mudança de direção, modelo de aceleração/desaceleração e modelo de caraterísticas físicas dos peões (Figura 3-2).

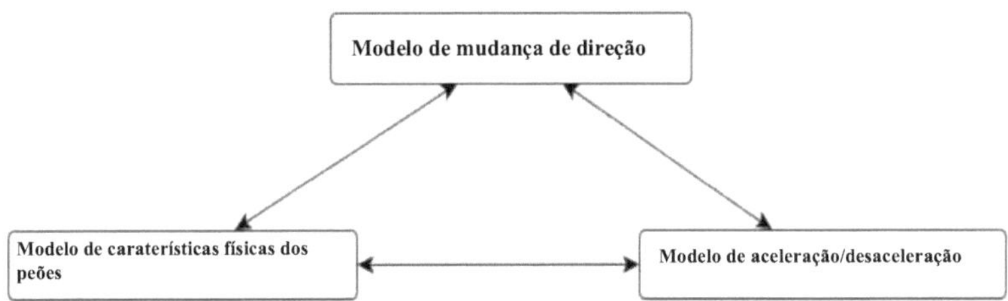

Figura 3-2: Modelo pedestre

Os pormenores destes três submodelos são descritos nas secções seguintes.

3.1.1 Modelo de caraterísticas físicas dos peões

Os peões de sexo e idade diferentes têm peso, altura, tempo de resposta, potência, resistência, velocidade de marcha e flexibilidade diferentes, etc. Uma vez que os peões de sexo e idade diferentes têm caraterísticas de movimento diferentes, o modelo proposto considera as caraterísticas de movimento individuais. Devido às diferentes proporções corporais entre homens e mulheres, o seu comportamento nas escadas rolantes, tais como: passagem transversal, espera nos degraus, velocidades, etc., será afetado. Se os valores antropométricos específicos da população forem conhecidos, a estimativa da capacidade da população-alvo será mais exacta. As dimensões antropométricas específicas da população são constituídas pela interação da estrutura genética e dos factores ambientais.

Neste estudo, foram tidos em conta dois estudos diferentes que examinaram as caraterísticas antropométricas dos peões em quatro países diferentes, realizados pelo Civilian American and European Surface Anthropometry Resource (CAESAR) e pelo Turkish Statistical Institute (TurkStat) (Fullenkamp, Robinette e Daanen, 2008; Guleg et al., 2009). Os valores estatísticos das variáveis antropométricas com base no género que foram recolhidos nestes estudos estão resumidos na Tabela 3-1. A Figura 3-3 apresenta também um índice visual destas medidas.

As caraterísticas antropométricas do ser humano revelam alterações em termos de peso e altura consoante a idade. Além disso, tendo em conta a evolução dos tempos e as condições socioeconómicas, verificou-se que a população atingiu valores antropométricos diferentes. Neste estudo, tendo em conta as caraterísticas antropométricas dos peões de acordo com os diferentes sexos e grupos etários, tenta-se obter uma abordagem mais realista. Outras definições de parâmetros de atributos pessoais incluem o sexo, o peso, a altura, a idade, o tempo de resposta, a condução, a paciência, a velocidade de deslocação e a mobilidade, etc. Por conseguinte, os peões são classificados em três tipos com base no sexo e na idade. Estes são o homem adulto, a mulher adulta e o idoso e as crianças.

Tabela 3-1: Médias e desvios-padrão para as medidas antropométricas das quatro populações.

	América do Norte		**Itália**		**Países Baixos**		**Turquia**	
Ant ropo medida métrica	**Home m s**	**Fem ales**	**Home ns**	**Fem ales**	**Home ns**	**Fem ales**	**Home m s**	**Fem ales**
Esta tura (cm)	177.8 0 (7.90)	164.0 0 (7.30)	173.6 0 (6.70)	161.1 0 (6.20)	181.4 0 (9.00)	168.0 0 (7.60)	168.8 8 (6.72)	155.0 3 (5.93)

Peso (kg)	86.20 (18.00)	68.80 (17.60)	72.70 (11.00)	57.50 (9.00)	84.00 (16.30)	72.90 (15.50)	74.74 (12.32)	67.12 (14.17)
a) Largura do ombro (mm)	496 (36.00)	430 (35.00)	459 (27.00)	405 (23.00)	472 (29.00)	431 (31.00)	393.65 (22.98)	361.10 (23.01)
b) Largura do busto (mm)	236 (27.00)	187 (23.00)	217 (20.00)	183 (21.00)	230 (25.00)	206 (26.00)	293.48 (24.17)	269.12 (27.96)
c) Perímetro da cintura (mm)	914 (125.00)	789 (135.00)	843 (83.00)	752 (78.00)	918 (109.00)	845 (131.00)	891.95 (114.06)	869.13 (140.38)

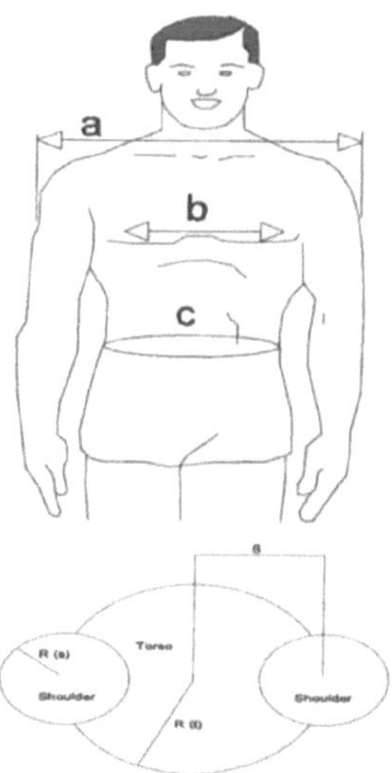

Figura 3-3: Medidas antropométricas e dimensões geométricas de um ser humano

Na Figura 3-3, o círculo grande com o raio R_{torso} representa o torso e dois círculos pequenos com o raio $R_{shoulder}$ representam os ombros. A distância entre as circunferências do círculo grande e de um círculo pequeno é S que representa. Determinando R_{torso}, R_{ombos} e S, obtém-se a dimensão geométrica de uma pessoa. As dimensões geométricas são apresentadas no Quadro 3-2. Devem ser definidos quatro tipos de pessoal no grupo de evacuação de acordo com a proporção nos edifícios actuais.

Quadro 3-2: Parâmetros físicos e dimensões geométricas de quatro tipos de peões (Yi-fan et al., 2011)

Tipo de peão	R(t)	R(s)	S
Homem adulto	0.235	0.125	0.080
Mulher adulta	0.218	0.125	0.080
Crianças	0.195	0.110	0.065
Pessoa idosa	0.250	0.150	0.090

3.1.2 Modelo de aceleração/desaceleração

Existem três atitudes principais de aceleração/desaceleração: (Waldau et al., 2007)

- Fluxo livre: O fluxo livre é definido como um comportamento sem restrições. Esta atitude depende das caraterísticas do peão, como a idade, o género, o peso, etc. Os peões de sexo e idade diferentes têm velocidades de marcha diferentes. O cálculo deve ter em conta as caraterísticas individuais do movimento, uma vez que os peões de sexo e idade diferentes têm caraterísticas de movimento diferentes. Os parâmetros de velocidade de marcha constante/dinâmica por perfil durante o fluxo livre são apresentados no Quadro 3-3. Na literatura, a velocidade dos peões durante a subida de escadas rolantes foi estudada em diferentes valores (Kretz et al., 2008; Lee et al., 2003). Neste estudo, foram aceites as velocidades baseadas nas diferenças de idade e género propostas por Li Yanfeng (Li et al., 2012).

Tabela 3-3: Velocidade de marcha no andar superior

Tipo de peão	**Escadas acima m/s**
Homem adulto	0.75
Mulher adulta	0.66
Pessoa idosa	0.52
Crianças	0.52

-Líder seguidor: Durante a evacuação, os peões geralmente seguem as pessoas que são identificadas como líderes no seu ambiente para chegarem à área segura. No entanto, não podem realizar essa atividade nas zonas mais densas onde as escadas rolantes, os torniquetes, as portas, etc., restringem a capacidade de movimento. Devido ao estrangulamento que ocorre nas escadas rolantes, os peões têm de se seguir uns aos outros. Os peões são seguidos no primeiro degrau das escadas rolantes devido à alteração da velocidade em função da idade e do sexo. Na Figura 3-5, mostra-se a posição dos peões na escada rolante e por que razão segue o peão da frente?

-Fadiga : medida que os peões sobem as escadas rolantes, a sua velocidade diminui devido à fadiga. Os peões que utilizam as escadas rolantes podem sofrer de diferentes graus de fadiga de acordo com uma série de variáveis. Pode valer a pena avaliar o potencial impacto da fadiga na capacidade e no tempo de evacuação quando se avalia a potencial utilização de emergência das escadas rolantes para evacuação. Pode ser adotado um modelo de fadiga: (Charters e Fraser-Mitchell)

$$t_{v(fatigue)} = t_v + 1.8(t_v / 100)^2 \qquad (2)$$

em que = t_v é o tempo de deslocação vertical previsto utilizando um modelo de evacuação que não tem em conta a fadiga. Este modelo foi desenvolvido para a evacuação de doentes em hospitais pelo pessoal. Desde então, tem sido simulada a evacuação real de acontecimentos em comboios subterrâneos/túneis e de edifícios altos (por exemplo, HSBC). Para além disso, a análise compara-se razoavelmente com a evacuação do World Trade Center em 1993 (Averill et al., 2005). Além disso, a fadiga tem sido conhecida como um agente-chave durante as evacuações por escadas rolantes em edifícios altos. A análise de um acidente real indicou que os evacuados podem ter de interromper a sua viagem devido à fadiga que provoca um atraso adicional no processo de evacuação (Galea et al., 2010). Este problema torna-se muitas vezes mais evidente porque a população dos edifícios está a diminuir gradualmente as suas capacidades físicas (Spearpoint e MacLennan, 2012). Quanto mais a distância de atuação avança, mais notável é o efeito de fadiga. A realização de uma evacuação num edifício significativamente mais alto do que o edifício de demonstração resulta numa economia crítica de fadiga para os habitantes. Neste caso, a razão para o aumento do período de evacuação é o avanço tanto da distância actuada como da economia de fadiga (Koo, Kim, e Kim, 2014).

3.1.3 Modelo de mudança de direção

Existem três atitudes principais de mudança de direção: (Waldau et al., 2007)

- Manter a direção: Com o tipo de atitude "manter a direção", definimos a tendência dos peões para manterem, quando disponível, a sua direção atual. As trajectórias dos peões em casos normais são descritas por um regulamento definitivo. Os peões não substituem os caminhos durante muito tempo, devido ao nível definitivo da densidade.
- Em direção ao destino: Com o tipo de atitude em direção ao destino, definimos a tendência dos peões para se deslocarem, sempre que possível, diretamente para os seus destinos finais.
- Escolha da passagem transversal: O modelo de passagem transversal proposto é definido a seguir, a fim de modelar os movimentos dos peões nas escadas rolantes em condições reais.

Na literatura, verifica-se que a velocidade do peão é considerada fixa. Como se pode ver na Figura 3-4, quando os peões se deslocam nos setenta degraus da escada rolante, tentam passar uns pelos outros devido ao facto de terem velocidades de deslocação diferentes. Com base nos dados do inquérito de campo, o comportamento de marcha dos peões é calculado utilizando as fórmulas (3) e (4). (Davis e Dutta, 2002; Jiang et al., 2009)

Neste modelo, enquanto as distâncias de deslocação D na escada rolante podem ser calculadas pela seguinte fórmula:

$$D = \sqrt{d_r^2 + h_r^2} \times N_r \qquad (3)$$

O passo plano da escada rolante pode ser calculado pela seguinte fórmula:

$$D_f = d_r \times N_r \qquad (4)$$

Em que, D é a distância percorrida numa escada rolante, D_f é a distância percorrida num degrau plano, d_r é o piso do degrau, h_r é a subida do degrau, N_r é o número total de degraus (Figura 34).

O tempo de deslocação (t), dependendo da velocidade de deslocação dos peões (de diferentes géneros) na escada rolante e da velocidade da escada rolante, é expresso da seguinte forma

$$t = \frac{D}{V_{OS} + V_{ES}} \qquad (5)$$

em que V_{OS} e V_{ES} são, respetivamente, a velocidade de subida dos peões e a velocidade de uma escada rolante (0,5 m/s). Neste modelo, podemos utilizar $V_{A\&C}$ (idosos e crianças), V_F (mulheres adultas), V_M (homens adultos) em vez da velocidade dos peões (V_{OS}) de acordo com o género no que diz respeito a diferentes grupos de velocidade na Tabela 33.

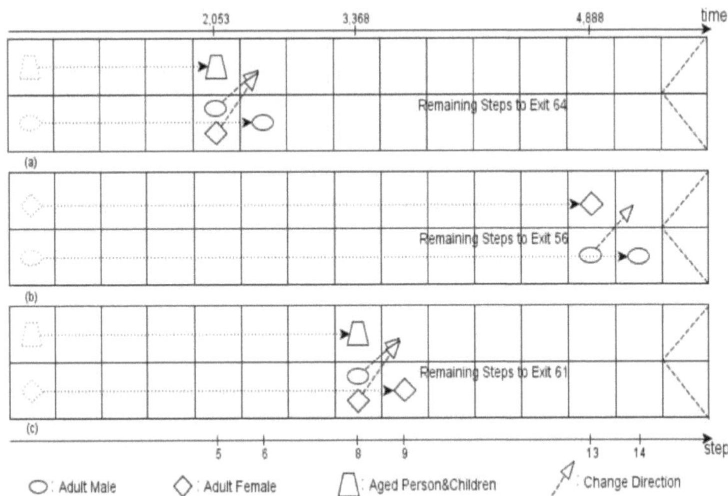

Figura 3-4: As caraterísticas do fluxo mostram uma visão geral de alguns factos relativos ao comportamento dos peões

(1) Na primeira situação da Figura 3-4-a, assumimos que os peões no primeiro degrau são homens adultos e pessoas idosas e crianças e que estão a andar na escada rolante.

A distância percorrida e o tempo de caminhada quando o idoso e a criança chegam ao passo 5th ;

$D = 2,094m$
$t = 2,0529s$
A distância a pé do homem adulto ao mesmo tempo;
$D = 2,618m$
$N^o = 6$

O homem adulto está no degrau 6th quando a pessoa idosa e as crianças estão no degrau 5th . Por conseguinte, o adulto do sexo masculino ou o adulto do sexo feminino que se encontra atrás do adulto do sexo masculino passa pela pessoa idosa e pelas crianças como se estivessem a atravessar o degrau.

(2) Na segunda situação da Figura 3-4-b, assumimos que os peões no primeiro degrau são homens adultos e mulheres adultas.

A distância percorrida e o tempo da distância percorrida quando a fêmea adulta chega ao passo 13th ;
$D = 5,670m$
$t = 4,888s$
A distância a pé do homem adulto ao mesmo tempo;
$D = 6.100m$
$N^o = 14$

Quando o adulto do sexo masculino chega ao degrau 14th , a mulher adulta está no degrau 13th . Assim, outro adulto do sexo masculino, cuja posição é no 13th degrau e atrás do adulto do sexo masculino, passa pela fêmea adulta como se fosse transversal e continua.

(3) Na terceira situação da Figura 3-4-c, assumimos que os peões no primeiro degrau são mulheres adultas e pessoas idosas e crianças.

A distância percorrida e o tempo de caminhada quando o idoso e a criança chegam ao passo 8th ;
$D = 3,435m$
$t = 3,368s$
A distância a pé de uma mulher adulta ao mesmo tempo;
$D = 3,907m$
$N^o = 9$

Quando o idoso e a criança estão no degrau 8th , a mulher adulta está no degrau 9th . Assim, o homem adulto ou a mulher adulta atrás da mulher adulta passa a pessoa idosa e as crianças em sentido transversal e prossegue.

A substituição da linha dos peões nas escadas rolantes por células vizinhas é feita à direita, à esquerda, à frente e atrás; no entanto, não foi realçada a passagem transversal. O método da esquerda, da direita, da frente e da passagem transversal foi aplicado para ser mais lógico no mundo real.

Estamos interessados em modelar o comportamento de curto alcance de um peão, como resposta ao seu ambiente imediato e à presença de outros peões. Mostramos o comportamento dos peões na Figura 3-4. A discretização do conjunto de alternativas de marcha é mostrada com base nos perfis dos peões, uma vez que uma grelha de duas células de 0,40m x 0,50m é sobreposta a cada degrau de uma escada rolante para peões na Figura 3-5.

A posição dos peões na escada rolante e a simulação de 18 combinações são apresentadas na Figura 3-5-a. e 12 combinações são ilustradas na Figura 3-5-(b-cd). As condições em que os peões estão no primeiro degrau das escadas rolantes e os peões que regressam estão à esquerda ou à direita não criam qualquer alteração na simulação.

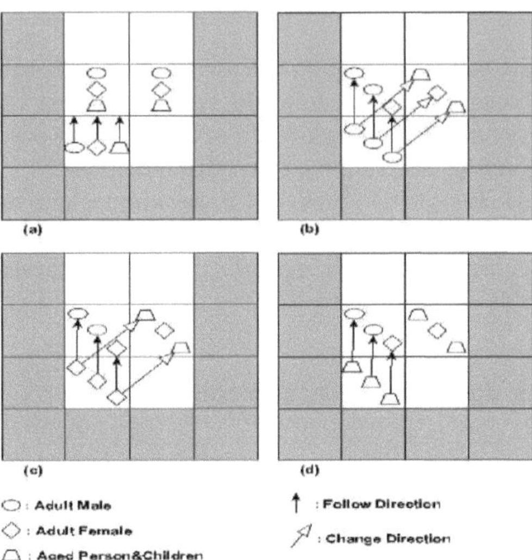

Figura 3-5: Modelo de mudança de direção proposto para a escada rolante

Na Figura 3-5-a., se existirem combinações de homem adulto e homem adulto ou mulher adulta e mulher adulta ou pessoa idosa e criança e pessoa idosa e criança no primeiro degrau das escadas rolantes, o homem adulto, a mulher adulta e a pessoa idosa e a criança que regressam não passarão pelos peões que estão à sua frente.

Na Figura 3-5-b, existem três condições: (1) se houver um adulto do sexo masculino e um idoso e uma criança no primeiro degrau da escada rolante, o adulto do sexo masculino que regressa passará o idoso e a criança passado algum tempo devido à diferença individual de velocidade. (2) Se houver um adulto do sexo masculino e um adulto do sexo feminino no primeiro degrau da escada rolante, o adulto do sexo masculino que regressa passará o adulto do sexo feminino passado algum tempo devido à diferença individual de velocidade. (3) Se houver um adulto do sexo feminino e um idoso e uma criança no primeiro degrau da escada rolante, o adulto do sexo masculino que regressa passará o adulto do sexo feminino passado algum tempo devido à diferença individual de velocidade.

Na Figura 3-5-c, existem três condições: (1) se houver um adulto do sexo masculino e um idoso e uma criança no primeiro degrau da escada rolante, a mulher adulta que regressa passará o idoso e a criança passado algum tempo devido à diferença individual de velocidade. (2) Se houver um adulto do sexo masculino e uma adulta do sexo feminino no primeiro degrau da escada rolante, a adulta do sexo feminino que regressa não passará os dois peões que estão à sua frente. (3) Se houver um adulto do sexo feminino e um idoso e uma criança no primeiro degrau da escada rolante, o adulto do sexo feminino que regressa passará o idoso e a criança após algum tempo devido à diferença individual de velocidade.

Na Figura 3-5-d, existem três condições: (1) se houver um adulto do sexo masculino e um idoso e uma criança no primeiro degrau da escada rolante, o idoso e a criança que regressam não passam por dois peões à sua frente. (2) Se houver um adulto do sexo masculino e um adulto do sexo feminino no primeiro degrau da escada rolante, os idosos e as crianças que regressam não passam também por dois peões à sua frente. (3) Se houver um adulto do sexo feminino e um idoso e uma criança no primeiro degrau da escada rolante, o idoso e a criança que regressam não passam por dois peões à sua frente.

3.2 Modelo de escada rolante

A representação do espaço físico, neste estudo a escada rolante, desempenha um papel central na modelação do comportamento dos peões e na estimativa do CEE. A representação do espaço físico, a teoria das filas de espera e os autómatos celulares desempenham um papel importante na definição do modelo comportamental. Na nossa abordagem, utilizamos uma discriminação espacial dinâmica e baseada no indivíduo que representa o espaço físico e os autómatos celulares e a teoria das filas de espera da entrada da escada rolante. Utilizamos o modelo de autómatos celulares para imitar os comportamentos de escolha dos peões na escada rolante. No modelo, o espaço é dividido em pequenas células que podem estar vazias ou ocupadas por exatamente um peão. Cada um destes peões pode deslocar-se para uma das suas células vizinhas desocupadas em cada momento discreto.

O autómato celular (AC) modela os movimentos locais do peão com uma matriz de preferências que contém as probabilidades de um movimento, relacionadas com a direção e a velocidade preferidas do peão, em direção às direcções adjacentes. O modelo de autómatos celulares utiliza uma estrutura discreta do espaço (Schadschneider, 2001). O termo "autómato" surgiu com a máquina universal de Turing, atribuída a Alan M. Turing, que enunciou os princípios básicos de funcionamento do computador na década de 1930. Mais tarde, John von Neumann e Stanislaw Ulam descobriram a AC. Os autómatos celulares são sistemas de funcionamento e mecanismos compostos por células adjacentes ligadas entre si. Os movimentos destas células mudam consoante os movimentos das células seguintes.

Neste estudo, uma grelha de duas células de 0,40mx0,50m é sobreposta a cada degrau de uma escada rolante para peões, tendo em conta as caraterísticas físicas dos peões e as dimensões principais da escada rolante. Este é o espaço típico para cada indivíduo numa multidão densa. As escadas rolantes foram concebidas para se adaptarem ao tamanho e às capacidades físicas de locomoção dos peões. Por conseguinte, este modelo deve basear-se nas dimensões geométricas dos peões indicadas no Quadro 3-2. Na Figura 3-6, cada degrau da escada rolante é dividido tendo em conta o tamanho geométrico dos peões de acordo com os autómatos celulares.

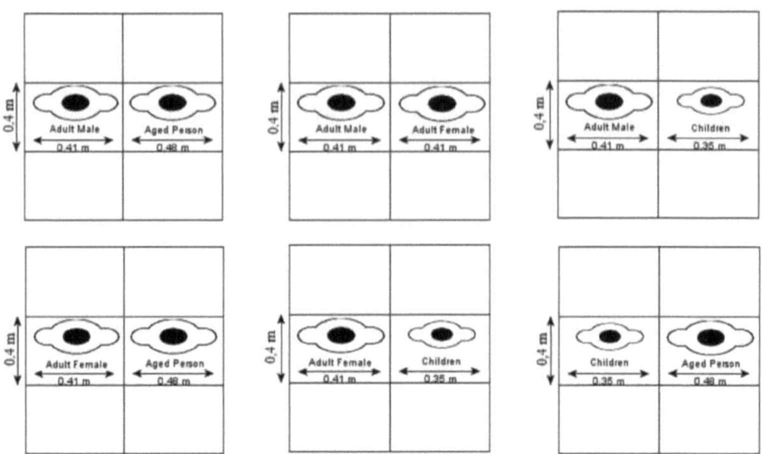

Figura 3-6: Dimensões geométricas dos peões nos degraus das escadas rolantes

3.3 Modelo de construção

Um edifício é um espaço fechado no âmbito da regulamentação do ambiente. O seu objetivo é criar os espaços necessários para serem utilizados pelas pessoas. Para criar e manter estes espaços, é necessário conceber os alicerces básicos, a estrutura e a envolvente, como as paredes e os telhados. Na criação destes espaços, devem ser organizadas as circulações na direção horizontal e o transporte na direção vertical. Para uma boa conceção do ambiente destes espaços, é necessário prever sistemas de canalização, sistemas de ventilação, sistemas eléctricos, etc. Além disso, os sistemas de alarme de incêndio e os materiais relacionados devem ser planeados adequadamente para um ambiente seguro. Por outras palavras, projetar um edifício significa proporcionar espaços para satisfazer as necessidades, organizar os espaços, tendo em conta as caraterísticas dos peões, comunicar os compartimentos e cuidar do conforto e da segurança no ambiente.

O modelo de estimativa de EEC proposto é um modelo genérico e pode ser aplicado a qualquer tipo de edifício, seja ele um aeroporto, uma estação de metro, um centro comercial, etc. Mas o modelo de construção de qualquer edifício deve ser cuidadosamente examinado e a estrutura do edifício que afecta a EEC da escada rolante deve ser compreendida. Neste estudo, aplicámos o modelo de estimativa de EEC proposto a uma estação de metro. Por conseguinte, a estrutura da estação de metro é abordada nesta secção.

A estação de metro é constituída fundamentalmente pelas camadas de plataforma e átrio da estação, e pelo corredor que liga as plataformas aos átrios da estação. As pessoas evacuadas numa situação de emergência são os peões do comboio que chega, os peões que esperam na plataforma e nos átrios e as pessoas que se encontram na estação. Os peões que esperam na plataforma têm de chegar ao átrio da estação através de escadas e/ou escadas rolantes numa primeira fase. Numa segunda fase, têm de passar os torniquetes para chegarem ao átrio de espera. Finalmente, podem chegar às saídas através de escadas/escadas rolantes ou corredores. Os peões e outros utentes também têm de passar os torniquetes para chegar à sala de espera a partir das estações. Em seguida, deslocam-se para as saídas através de escadas/escadas rolantes ou corredores.

Os caminhos de evacuação são determinados durante a construção para uma situação de emergência para evacuar os peões. Estas vias afectam a capacidade de evacuação, pelo que devem ser concebidas em tamanho e número adequados. Uma vez que os peões tendem a aglomerar-se nas vias de evacuação, a densidade e a fila de espera aumentam. Neste modelo, o alcance dos peões nestas vias e as alterações de densidade foram estudados em passagens estreitas. Para a zona de passagem estreita, foi considerada a zona de captação onde os peões se aglomeram (Figura 3-7).

Na literatura, a "bacia hidrográfica" é definida como o local onde ocorrem passagens estreitas e filas de espera e onde a densidade é observada (Kinsey, Galea e Lawrence, 2009; Shields e Boyce, 2000). A diferença de tamanho destas áreas afecta diretamente a densidade. Neste estudo, serão discutidas as alterações do nível de serviço nas diferentes dimensões destas zonas e será investigado o seu efeito no tempo e na capacidade de evacuação.

Figura 3-7: A área de influência da estação de metro de Taksim

Capítulo 4

4 Método de estimativa da capacidade de evacuação de emergência

O objetivo deste estudo é conceber e aplicar uma metodologia para estimar a capacidade de evacuação de uma escada rolante. A fim de estimar de forma realista a capacidade de evacuação, são desenvolvidos métodos em quinze etapas (Figura 4-1).

Passo 1. Determinar as dimensões principais do edifício. Existe uma dependência direta entre as dimensões do edifício e as dimensões das escadas rolantes no interior do edifício durante o período de conceção e construção. No período de funcionamento, as dimensões do edifício e as propriedades geométricas afectam o tempo entre as chegadas à entrada da escada rolante e a distribuição dos peões e, por conseguinte, a capacidade de evacuação da escada rolante. Assim, nesta etapa, são identificadas as principais dimensões do edifício que afectam a capacidade de evacuação da escada rolante.

Passo 2. Determinar a área onde ocorre a mudança de densidade. Os peões apressam-se, uma vez que, em caso de emergência, tendem a abandonar o edifício no mais curto espaço de tempo. Por conseguinte, o período de evacuação e a capacidade diferem consoante a densidade. Se a densidade aumentar, a velocidade diminui, pelo que o fluxo de peões diminuirá. A localização densa deve ser discutida de forma dinâmica. Observa-se que a alteração da densidade em passagens estreitas, onde a evacuação é influenciada, afecta mais, pelo que o comportamento dos peões é diferente.

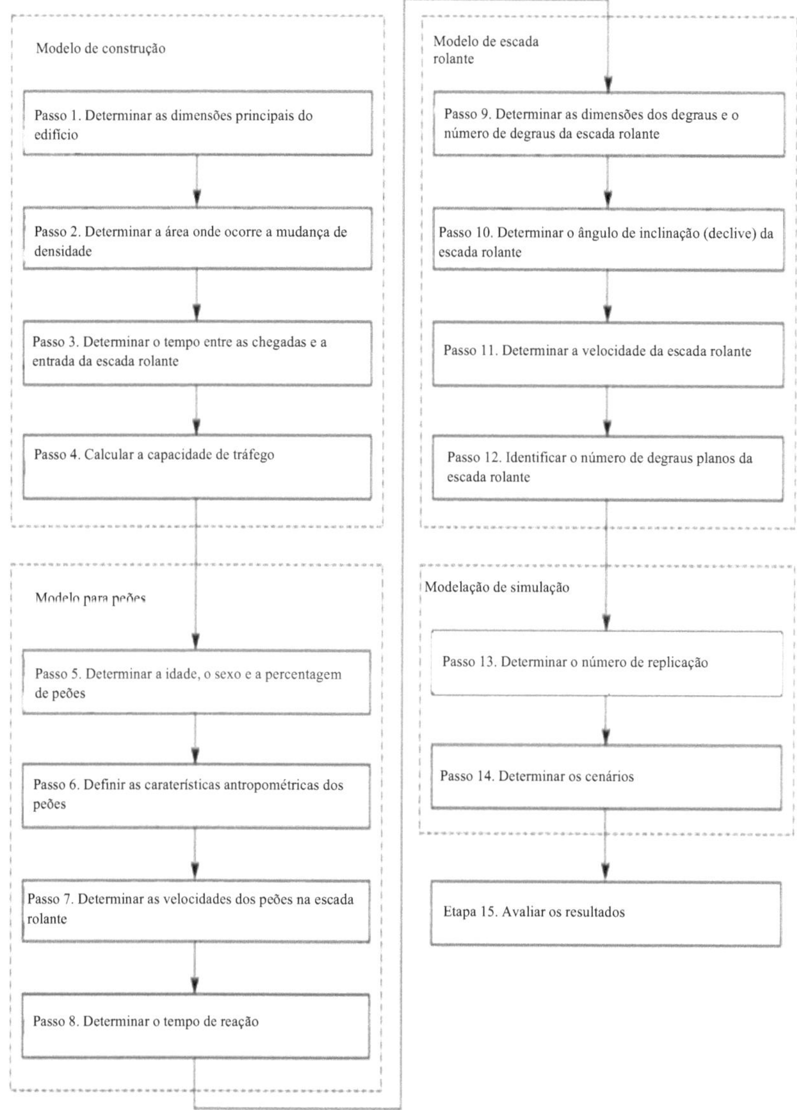

Figura 4-1: Método de estimativa da capacidade de evacuação de emergência

Passo 3. Determinar o tempo entre as chegadas à entrada da escada rolante. O tempo entre as chegadas à entrada da escada rolante é um dos factores importantes que afectam o período de evacuação e a capacidade. Propriedades geométricas do edifício,

As dimensões do edifício e a distribuição dos peões no edifício afectam o tempo entre as chegadas à entrada da escada rolante. O tempo entre as chegadas à entrada da escada rolante é calculado com base na distribuição dos peões, utilizando o algoritmo de agrupamento de meios k nesta etapa.

O agrupamento é o processo de organização de objectos em grupos cujos membros são semelhantes de alguma forma. É um método frequente nos procedimentos de reconhecimento de padrões e em muitos outros domínios. O K-mean é um dos algoritmos de classificação mais antigos e é muitas vezes preferido devido aos resultados bem sucedidos e à facilidade de implementação.

O K-Means é um algoritmo de aprendizagem simples para análise de agrupamentos. O principal objetivo do algoritmo K-Means é determinar a divisão mais adequada de n entidades em k grupos, minimizando assim a distância total entre os membros e o respetivo centróide. Em termos formais, o objetivo é separar as n entidades em k conjuntos s_i, i=1, 2, ..., k, de modo a minimizar a soma de quadrados dentro do agrupamento (WCSS), definida como

$$\sum_{j=1}^{k}\sum_{i=1}^{n} \left\| x_i^j - c_j \right\|^2 \qquad (6)$$

em que o termo $\left\| x_i^j - c_j \right\|$ fornece a distância entre um ponto de entidade e o centroide do agrupamento.

Os peões são modelados com a teoria das filas de espera de acordo com o tempo de chegada aos locais onde ocorrem passagens estreitas. De acordo com a teoria das filas de espera, os peões entram nas passagens estreitas num período de chegada e saem na mesma fila. Os peões saem dos locais de passagem estreita com a prática FIFO (first in first out).

Passo 4. Calcular a capacidade de tráfego. O número de peões deve ser conhecido para calcular o período de evacuação. Para determinar o número de peões, devem ser tidas em conta as horas de ponta e as horas de vazio da utilização do edifício.

Para além do número de peões que aguardam o comboio nas estações de metro, deve ser incluído o número de peões que vêm de outras estações de metro. O ponto principal é prestar atenção à capacidade que difere em cada carro. As horas de ponta e fora de ponta das entradas de peões nas estações de metro são calculadas tendo em conta o número de carros transferidos em diferentes períodos. O número de peões nestas horas e o número de peões à espera do comboio são adicionados e obtém-se o número total.

Passo 5. Determinar a idade, o sexo e a percentagem de peões. Para além do número de peões existentes num edifício, a idade, o sexo e o intervalo em que se encontram também afectam a capacidade e o período de evacuação. As pessoas idosas e as crianças deslocam-se mais lentamente nos edifícios do que as mulheres e os homens adultos. Consequentemente, nos corredores dos edifícios, a tendência para passarem uns pelos outros é diferente nas escadas/escadas rolantes.

Passo 6. Definir as caraterísticas antropométricas dos peões. Existem várias raças no mundo. O estudo, que se espera seja implementado em áreas fechadas, modeladas nas cidades mais populosas da Turquia, com uma variedade de grupos étnicos, oferece, portanto, oportunidades para criar desenhos adequados para uma vasta gama de população humana, determinando semelhanças e diferenças resultantes de vários factores entre indivíduos ou grupos, como a anatomia, a geografia e a ocupação, de acordo com as medidas antropométricas dos peões.

Passo 7. Determinar as velocidades dos peões na escada rolante. Alterações em A velocidade dos peões é observada em função dos grupos etários dos peões, da densidade, do grau de pânico, da fadiga e do comprimento do percurso de evacuação. A velocidade dos peões nas escadas/escadas rolantes e a sua velocidade de marcha nos corredores diferem consoante o ângulo de inclinação. A velocidade dos peões na descida das escadas é superior à velocidade na subida. Outro fator que afecta a velocidade dos peões é o comprimento das pernas e o índice de massa corporal dos peões. Consequentemente, os peões deslocam-se mais depressa ou mais devagar.

Passo 8. Determinar o tempo de reação. Estudos anteriores afirmam que o processo de evacuação de emergência é composto por várias fases, como o tempo de deteção, o tempo de alarme, o tempo de pré-movimento e o tempo de movimento (Shi et al., 2004; Shi et al., 2007) (Figura 4-2). A estimativa do tempo de evacuação em segurança disponível (ASET) e do tempo de evacuação em segurança necessário (RSET) é uma questão de engenharia importante. O ASET é o tempo que decorre entre o início da situação de emergência e o momento em que o "limite de resistência" é violado devido ao fumo, aos resíduos tóxicos, ao calor e a um acontecimento indesejável como o colapso. O ASET é calculado com base nas emissões de resíduos tóxicos, fumo e calor durante uma situação de emergência, antes de ocorrerem quaisquer danos ou situações indesejáveis. O valor ASET é suposto ser superior ao valor RSET com o objetivo de determinar uma margem de segurança adequada. O valor RSET é calculado pela seguinte fórmula:

$$t_{RSET} = t_{\det} + t_a + (t_{pre} + t_{move}) \qquad (7)$$

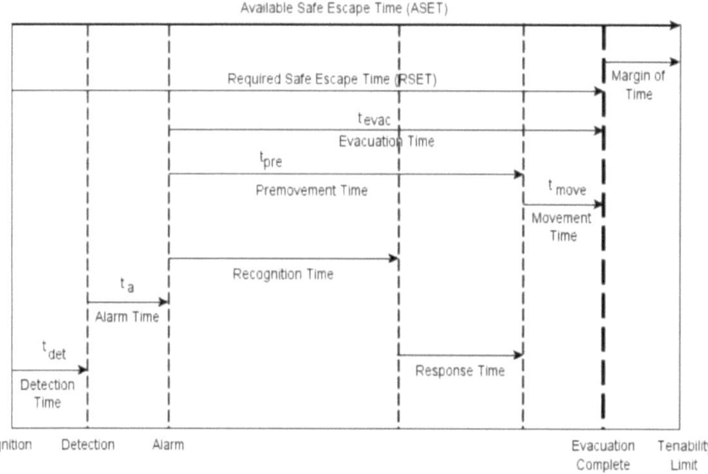

Figura 4-2: Modelo de linha de tempo de evacuação (Proulx, 2008)

O tempo de pré-movimento é o período de tempo que decorre entre o aviso de emergência e a primeira ação de um indivíduo e consiste no tempo de reconhecimento e no tempo de resposta, que se baseiam na sensação que cada peão tem da situação de emergência, na prontidão para a evacuação, na ação de fuga, etc. A perceção e o tempo de reação dos peões a situações de emergência como incêndios, sismos e ataques terroristas diferem de pessoa para pessoa. O valor exato do tempo de reação é difícil de estimar, uma vez que depende muito dos actos humanos. Durante o processo de análise, os actos individuais são modelados aleatoriamente com base em dados reais e de demonstração.

Passo 9. Determinar as dimensões dos degraus e o número de degraus da escada rolante. As escadas rolantes são utilizadas numa vasta gama de transferências contínuas e seguras em centros de negócios, centros comerciais, estações ferroviárias, aeroportos, escolas, hospitais, fábricas, hotéis, restaurantes, colinas verticais inclinadas, etc., onde a densidade de pessoas é elevada. Existem escadas rolantes do tipo túnel em edifícios entre pisos ou estações de metro, de acordo com os aspectos da área enquadrada e da densidade do fluxo de pessoas. A largura, o comprimento e a altura dos degraus das escadas rolantes alteram-se em função da estrutura do edifício.

EN 115-1:2008+A1:2010 Segurança de escadas e tapetes rolantes. Na construção e instalação e no código de segurança ASME A17.1 2010 para elevadores e escadas rolantes, foram indicados os parâmetros das escadas rolantes na Turquia. Os degraus das escadas rolantes variam em distância entre os pisos do edifício evacuado.

Passo 10. Determinar o ângulo de inclinação (declive) da escada rolante. A alteração da inclinação da escada rolante afecta a velocidade do tapete rolante. É de salientar que as pessoas andam nas escadas rolantes se estas pararem por qualquer motivo ou se quiserem sair imediatamente do edifício numa situação de emergência. Assim, o aumento da inclinação resultará numa diminuição da velocidade de deslocação das pessoas, uma vez que a fadiga aumenta durante a subida das escadas. Por conseguinte, foi determinada a importância da preferência por escadas de dimensões adequadas para as escadas rolantes utilizadas entre os pisos de um edifício.

Passo 11. Determinar a velocidade da escada rolante. Como já foi referido, a velocidade das escadas rolantes varia consoante a sua inclinação. Quanto maior for o declive das escadas rolantes, mais lenta é a sua velocidade. Em situações de emergência para evacuação, as escadas rolantes não devem ser preferidas por razões de segurança. Em vez disso, as escadas rolantes devem ser utilizadas como escadas na direção vertical para a evacuação. A velocidade de evacuação nas escadas é significativamente mais lenta do que a velocidade de passagem, devido ao efeito do declive. Além disso, de acordo com a direção da evacuação, as escadas rolantes que se dirigem para a posição ascendente podem passar para a posição descendente, ou vice-versa.

Por que razão foram escolhidas as escadas rolantes dirigidas para cima?

- Os períodos de maior congestionamento no tráfego resultam geralmente da densidade de pessoas que saem dos comboios, uma vez que saem em grandes grupos, em comparação com a população que chega a partir do nível da rua, o que se repete ao longo de um período de tempo.
- Os níveis mais elevados de tráfego ocorrem durante o período de saída nas estações.
- A capacidade é sobretudo importante nas escadas rolantes ascendentes. No

regresso das pessoas às suas residências ao fim da tarde, estas chegam às estações de forma contínua e não em grupos.

- Nas escadas rolantes ascendentes, as pessoas consomem mais energia quando se deslocam na direção ascendente. Isto resulta numa diminuição da velocidade dos peões. A redução da velocidade resulta numa diminuição do tempo e da capacidade de evacuação.

As escadas rolantes descendentes têm o tráfego mais intenso durante a tarde. Nestas horas de maior movimento, as escadas rolantes encontram-se nas estações com uma elevada proporção de utentes que não utilizam o transporte público. Os peões que não viajam, em particular os turistas, podem ter um efeito significativo na capacidade das escadas rolantes e devem ser tomados em consideração como um fator.

Os dados obtidos a partir das escadas rolantes que descem não são tão vantajosos como seria de esperar devido à rara disponibilidade de situações de capacidade. Os passes estreitos nas estações são intencionalmente afastados das escadas rolantes e encontram-se nas bilheteiras. O objetivo é garantir a segurança das pessoas nas plataformas, não permitindo que atinjam níveis inseguros.

Passo 12. Identificar o número de degraus planos da escada rolante. À entrada e à saída das escadas rolantes, existem no mínimo dois e no máximo quatro degraus planos. As dimensões dos degraus são as seguintes: A profundidade dos degraus na direção do movimento não deve ser inferior a 16 pol. (400 mm), e a altura entre os degraus não deve ser superior a 9 pol. (220 mm). A largura de um degrau deve ser superior a 22 pol. (560 mm) e inferior a 40 pol. (1000 mm) (EN115, 1995). Os degraus planos nas entradas e saídas das escadas rolantes devem ser iguais. Os degraus planos aumentam a segurança, uma vez que proporcionam mais tempo para se equilibrar ao pisar, diminuindo assim a possibilidade de acidentes ao entrar e sair das escadas rolantes. Aumentam os custos iniciais. Um número insuficiente de degraus planos resulta em quedas.

Passo 13. Determinar o número de replicações. A seleção de um número adequado de réplicas a executar com um modelo de simulação é crucial para garantir a exatidão e precisão desejadas do resultado. Se o número de replicações for selecionado em número insuficiente, perde-se a exatidão e a precisão. Por outro lado, se for selecionado um número demasiado elevado, isso implica um custo de tempo precioso. O número de repetições é obtido a partir do intervalo de confiança (IC) para a média de um pequeno número de valores de amostra. O intervalo de confiança é construído utilizando a distribuição t da seguinte forma: (Burghout, 2004; Law e Kelton, 1991)

$$\bar{X}_{(n)} \quad t_{n-1,\alpha\, 2}\sqrt{\frac{S'^{2}_{(n)}}{n}} \qquad (8)$$

Em que, $S^2_{(n)}$ é o desvio-padrão das amostras, n é o número de execuções de simulação, $\bar{X}_{(n)}$ é a média da amostra, $t_{n-1,a}/2$ é o valor crítico da distribuição t de duas caudas a um nível de significância *a /2*, dados n-1 graus de liberdade.

Quando a dimensão da amostra é maior ($n > 20$), é geralmente aceite a utilização da distribuição z em vez da distribuição t. Considerando o erro admissível da estimativa

$\overline{X}_{(n)}$ *(fi)*, o número total de repetições (n *) é expresso da seguinte forma

$$n^* \geq \left(\frac{Z_{\alpha/2} \times S_{(n)}}{\beta} \right)^2 \quad (9)$$

Passo 14. Determinar os cenários. Após o estabelecimento do modelo, os cenários alternativos: são determinados em pormenor. A questão a ter em conta na determinação dos cenários é a dos resultados que se pretendem obter. Com a análise estatística a ser implementada para estes resultados obtidos, deve ser obtida uma decisão baseada no desempenho. O número de experiências, o tempo de execução do modelo e o número de repetições das experiências devem ser determinados para os cenários.

Etapa 15. Avaliar os resultados. Para avaliar o desempenho do modelo de simulação, o tempo de evacuação e a capacidade dos diferentes cenários são comparados através de um teste estatístico.

Capítulo 5

5 Estudo de caso

Nesta secção, o método proposto, tal como descrito na secção 4, é aplicado à estação de metro de Taksim, no metro de Istambul, para calcular a capacidade de evacuação das escadas rolantes (Figura 5-1). O metro de Istambul é uma rede ferroviária subterrânea de trânsito rápido que serve a cidade de Istambul, na Turquia. É explorado pela Istanbul Transport, uma empresa pública, controlada pelo Município Metropolitano de Istambul. Fundado em 1989, inclui atualmente 62 estações em serviço, estando mais 30 em construção. O sistema é atualmente composto por quatro linhas. A Praça Taksim, onde existe a estação de metro Taksim, situada na parte europeia de Istambul/Turquia, é uma importante zona turística e de lazer, famosa pelos seus restaurantes, lojas e hotéis. É considerada o coração da Istambul moderna, com a estação central da rede de metro de Istambul. O comprimento total da linha de metro é de 92 km. Há 260 escadas rolantes no metro de Istambul e, de um total de 260 escadas rolantes, 16 estão em Taksim.

Atualmente, na estação de metro de Istambul, que reduz em certa medida o tráfego entre Taksim e 4.Levent, há 170.000 peões durante a semana e 120.000 peões ao fim de semana.

Por conseguinte, considera-se que a estação de metro de Taksim é um exemplo interessante. Um algoritmo passo a passo para a escada rolante da estação de metro de Taksim é o seguinte:

Figura 5-1: Estação de metro de Taksim

Passo 1. Determinar as dimensões principais do edifício. A estação de Taksim é uma estação de metro com quatro pisos. O piso da plataforma tem 180 m de comprimento e 28,25 m de largura. A estação de metro tem oito escadas rolantes das plataformas para os pisos do átrio. O número total de escadas rolantes é dezasseis (8 para baixo e 8 para cima). Para além disso, existem seis elevadores. Existem portões automáticos no piso do átrio, incluindo cinco saídas, dez entradas e seis passagens. Existem cinco saídas no átrio e cada passagem

O piso do piso inferior dá acesso a duas entradas/saídas, e há dez entradas/saídas no total.

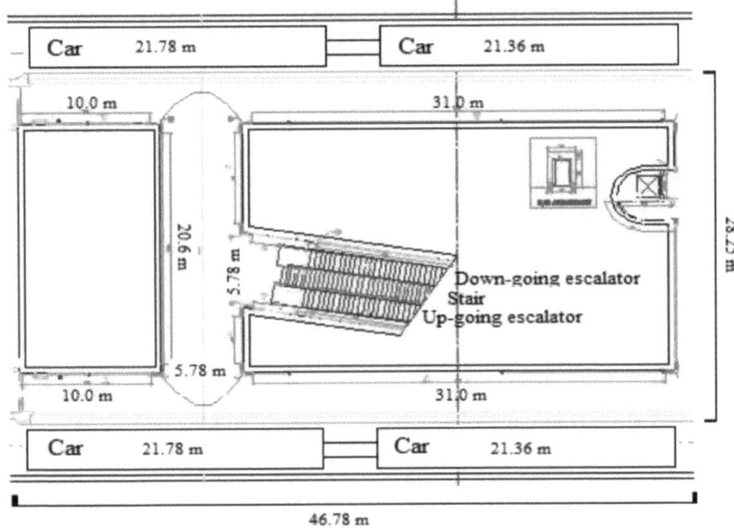

Figura 5-2: A parte de seleção da estação de metro de Taksim

A escada rolante na primeira secção do terceiro piso é avaliada neste estudo para a estação de Taksim. Esta secção tem 46,78 m de comprimento e 28,25 m de largura. É constituída por duas escadas rolantes, sendo uma ascendente e outra descendente, e por uma escada. A distância total à frente da escada rolante é de 5,78 m de comprimento e 3,3 m de largura (Figura 5-2).

A área total disponível é de 496,006 m^2 . Se se considerar que a média de pessoas por 1 m quadrado é de quatro, cabem 1984 pessoas nesta área.

Passo 2. Determinar a área onde ocorre a mudança de densidade. Ao avaliar a capacidade e o conforto de um espaço pedonal ativo, os níveis de serviço dos peões são contributos úteis. Os limiares dos níveis de serviço dos peões estão relacionados com a competência dos peões livres e lentos para organizarem o seu próprio ritmo.

A densidade pode ser o fator mais importante que afecta a velocidade de deslocação individual. Quando a densidade aumenta, a velocidade do peão diminui e chega mesmo a atingir o verdadeiro ponto zero. A largura do espaço horizontal situa-se entre 0,71 m e 0,76 m, para que os peões se possam deslocar com conforto. O espaço longitudinal previsto para a deslocação a pé situa-se entre 2,5 m e 3 m, o que inclui o espaço para o passo e evita conflitos.

Tabela 5-1: Nível de serviço dos peões na entrada da escada rolante

Entrance of Escalator	Level of Service (LOS)	Pedestrian Space (m^2/p)	Expected Flows and Speeds: Avg. Speed, S (m/min)	Flow per Unit Width, v (p/m/min)	v/c
	A	>=3.3	79	0-23	0.0-0.3
	B	2.3-3.3	76	23-33	0.3-0.4
	C	1.4-2.3	73	33-49	0.4-0.6
	D	0.9-1.4	69	49-66	0.6-0.8
	E	0.5-0.9	46	66-82	0.8-1.0
	F	<0.5	<46	Variable	Variable

As normas para o tráfego pedonal determinam diferentes níveis de volume de relações de fluxo, espaços individuais comuns e atributos qualitativos relevantes como a competência de passar por peões mais lentos e evitar conflitos. As normas são categorizadas em diferentes níveis de serviço (LOS) de A a F, que representam, respetivamente, o limiar de fluxo livre sem obstáculos e a densidade crítica ou a desagregação do movimento contínuo. Além disso, as normas de nível de serviço foram melhoradas para as zonas de espera, uma vez que as plataformas de trânsito se centram na densidade e na mobilidade da zona. As relações de volumes de passadeiras e a densidade nos níveis de serviço de A a F são apresentadas no Quadro 5-1. O espaço médio para peões e a taxa de fluxo são os principais focos destes níveis de serviço. Como critérios complementares, são apresentados a velocidade média e o rácio de capacidade (Fruin, 1971).

Passo 3. Determinar o tempo entre as chegadas à entrada da escada rolante. Nesta etapa, é proposto um método para calcular a proporção de peões que chegam à entrada da escada rolante com base no tempo de deslocação. De acordo com a possível distribuição dos peões no edifício, é possível obter a distribuição do tempo de viagem de todos os peões num determinado período de tempo entre cada par origem-destino e estimar a proporção de peões e o tempo entre chegadas à entrada da escada rolante no período de emergência. O método de simulação numérica é utilizado para gerar dados sobre o tempo de viagem num par de OD e, em seguida, a proporção de peões é calculada com base nesses dados. Este método dinâmico reflecte com precisão a distribuição real do fluxo de peões.

Período de distância da distribuição pedonal até à entrada da estação de Taksim afecta período e capacidade de evacuação. Este período pode prolongar-se devido a vários factores. Por exemplo, o corte de energia, as mudanças de visão baseadas no nível de fumo, a queda de peões, os sacos transportados pelos peões, a densidade causada pela população de peões afectam o alcance dos peões às escadas rolantes. Por conseguinte, os comportamentos dos peões em frente das escadas rolantes foram agrupados pelo algoritmo de agrupamento K-means.

No programa, o período de chegada de cada peão de acordo com a sua localização foi classificado através do algoritmo k-means com código VBA.

O algoritmo de agrupamento k-means, amplamente utilizado, é utilizado num método de refinamento repetitivo com estas etapas:

- Definir os centróides iniciais dos grupos de peões. Uma opção é atribuir valores aleatórios aos centróides de todos os grupos. Outra é aplicar os valores de K a diferentes entidades como centróides.
- Atribuir cada peão ao cluster mais próximo do centróide. Para determinar o grupo com o centróide mais semelhante, o algoritmo tem de calcular a distância entre todos os peões e cada centróide.
- Recalcular os valores do centróide. Os valores dos centróides são actualizados e é calculada a média dos valores que fazem parte do agrupamento.
- Repetir continuamente os passos 2 e 3 até que os peões não possam mudar de grupo.

O K-Means é famoso por ser uma técnica gulosa e computacionalmente eficiente e por ser um algoritmo de agrupamento representativo. O pseudocódigo do algoritmo K-Means é apresentado a seguir.

Para calcular a distância entre os centros de gravidade e o período de chegada de cada peão, foi utilizada a distância de Euclides.

```
K-Means Algorithm
Input: E={e_1, e_2, ..., e_n} (set of pedestrians to be clustered)
        k (number of clusters)
        MaxIters (limits of iterations)
Output: C={c_1, c_2, ..., c_k} (set of cluster centroids)
        L={l(e) | e = 1, 2, ..., n} (set of cluster labels of E)
foreach c_i ∈ C do
    c_i ← e_j ∈ E (e.g. random selection)
end
foreach e_i ∈ E do
    l(e_i) ← arg min Distance(e_i, e_j) j ∈ {1...k}
end
changed ← false;
iter ← 0;
repeat
    foreach c_i ∈ C do
        UpdateCluster(c_i);
    end
    foreach e_i ∈ E do
        minDist ← arg min Distance(e_i, e_j) j ∈ {1...k}
        If minDist ≠ l(e_i) then
            l(e_i) → minDis;
            changed ← true;
        end
    end
    iter ++;
until changed = true and iter ≤ MaxIters;
```

Figura 5-3: Algoritmo K-means

Passo 4. Calcular a capacidade de tráfego. O número de pessoas e a força de trabalho variam em função do género e dos grupos etários em cada cidade e país. Neste estudo, discutiu-se Istambul, que é a cidade mais populosa e importante em termos financeiros e culturais. A cidade situa-se na 34ª posição no que respeita à capacidade financeira, na primeira posição entre as cidades mais populosas do mundo.

Europa e o segundo lugar no mundo, a seguir a Shangai, em termos de população e de fronteiras municipais.

Quadro 5-2: Base de dados do sistema de registo da população com base em endereços (ADNKS)

(Instituto Turco de Estatística (TurkStat))

Grupo etário e género por população em Istambul - 2012			
Grupo etário	**Total**	**Masculino**	**Feminino**
0-4	1.091,125	560,532	530,593
5-9	1.055,415	542,657	512,758
10-14	1.074,278	553,787	520,491
15-19	1.069,229	552,726	516,503
20-24	1.104,301	540,937	563,364
25-29	1.325,802	667,731	658,071
30-34	1.433,099	728,674	704,425
35-39	1.221,016	620,794	600,222
40-44	1.030,930	526,847	504,083
45-49	900,213	456,638	443,575
50-54	733,462	371,515	361,947
55-59	593,766	293,990	299,776
60-64	425,516	205,762	219,754
65-69	285,203	132,585	152,618
70-74	204,076	88,214	115,862
75-79	145,445	60,062	85,383
80-84	99,754	35,417	64,337
85-89	47,556	14,540	33,016
90+	14,554	3,500	11,054
Total	13.854,740	6.956,908	6.897,832

A população de Istambul em bairros, aldeias, municípios e distritos foi determinada pelo Instituto Turco de Estatística (TurkStat), que regista a dependência governamental, a entidade jurídica e a mudança de nome através da Base de Dados Nacional de Endereços (UAVT). A informação sobre a população de Istambul em 2012, de acordo com a idade e o sexo, foi apresentada acima (Quadro 5-2).

A proporção de envolvimento na força de trabalho em relação a anos e grupos etários que pertencem a mulheres e homens em Istambul para 2012 foi obtida pelo Instituto de Estatística Turco através de pesquisas. (Figura 5-4)

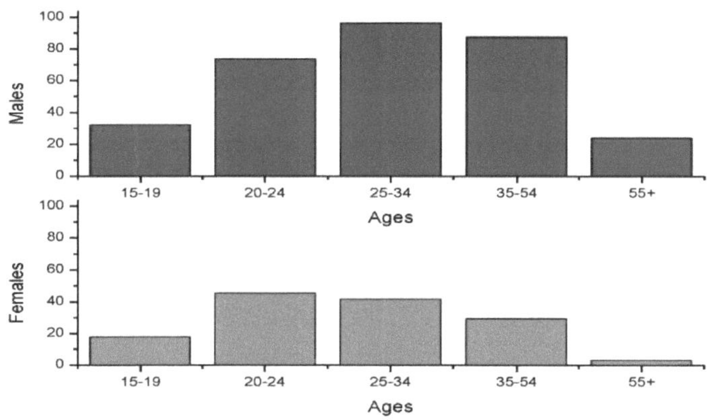

Figura 5-4: Proporção de envolvimento na força de trabalho numa vasta gama de grupos etários e anos (%)-2012

Prevê-se que a estação gere uma carga densamente ocupada durante a hora de ponta, pelo que a conceção do estudo se baseia nas horas de ponta e fora de ponta. Como primeiro passo, devem ser determinadas as horas de ponta. Em seguida, foram efectuadas observações nas horas de ponta, como a determinação da população e a observação do comportamento dos peões. No último passo, foram incluídos os produtos de consumo para analisar as condições de evacuação na estação.

Foi observada a carga dos ocupantes na hora de ponta. É aceite como um dos parâmetros mais importantes do estudo devido ao efeito dos ocupantes da hora de ponta no processo de evacuação. Adicionalmente, foram verificadas as plantas dos pisos da estação, de forma a contribuir para o processo de observação das saídas e escadas rolantes. Com a configuração da estação, o comportamento dos peões foi observado, uma vez que afecta a conceção da evacuação para uma situação de emergência (por exemplo, um incêndio na estação).

O principal objetivo do estudo centra-se no fornecimento de evacuação da estação. O efeito da conceção, com a ajuda de produtos de software, e o processo de evacuação durante as horas de ponta (18:00 - 19:00) e fora de ponta (06:00 - 07:00) foram avaliados com grande esforço. O efeito da oferta na evacuação por escadas rolantes foi estudado com base em várias normas, inquéritos no local, observações nas horas de ponta e fora de ponta. Foi também integrado um estudo de viabilidade de vários planos de evacuação de emergência e/ou de saída.

Com base no plano de fluxo, a secção máxima a longo prazo do fluxo de peões durante a hora de ponta da noite na estação de metro de Taksim é de 5094 peões/hora, sendo o número de peões embarcados nas linhas ascendentes e descendentes de 1578 peões/hora e 937 peões/hora, respetivamente. Existem 8 carruagens de triagem e 17 pares de comboios em funcionamento em todas as horas de ponta. Existem 4 carruagens de triagem e 7 pares de comboios em funcionamento nas horas de vazio. A densidade de peões em

A estação de Taksim pode ser obtida através de:

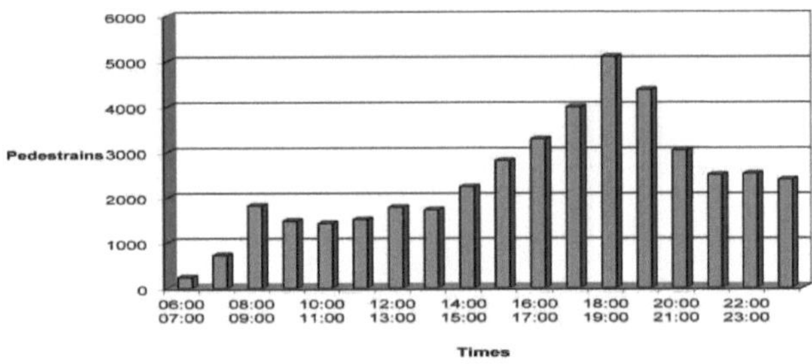

Figura 5-5: A densidade de peões em Taksim

(1) O número de peões no comboio no momento da secção máxima do fluxo de peões: 229+246=475 (peões)

(2) O número de peões que embarcam no comboio nas horas de ponta: 5094/17=300 (peões)

(3) Pessoal de trabalho na estação: 1 pessoa

(4) O número de peões que saem do comboio durante as horas de ponta: 1578+937=2515/17=148 (pedestrians)

(5) O número de peões que embarcam no comboio fora das horas de ponta: 235/7=34 (peões)

(6) O número de peões que saem do comboio durante as horas de ponta: 261+17=278/7=40 (peões)

Passo 5. Determinar a idade, o sexo e a percentagem de peões. De acordo com os dados acima, a proporção da população ativa em relação à idade e ao sexo em Istambul foi apresentada abaixo (Figura 5-6).

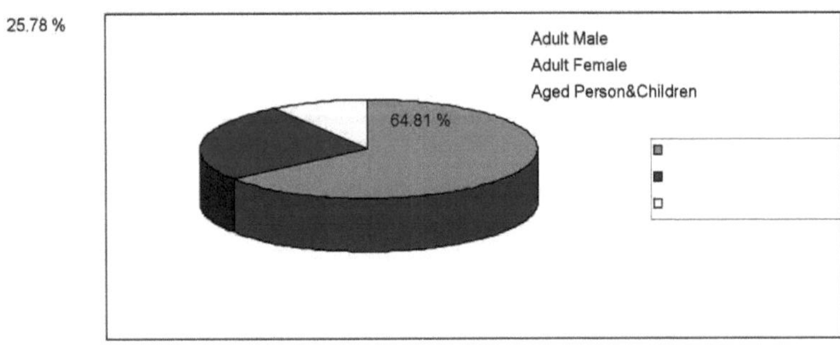

Figura 5-6: Percentagem de peões em Taksim

Com base nos resultados, as horas de maior afluência em Istambul, na estação de metro de Taksim, são as horas da noite, entre as 18:00 e as 19:00. A razão é que as pessoas deixam os seus locais de trabalho e deslocam-se para casa através da estação de metro nestas horas. Pessoas que utilizam a estação de metro de Taksim em resultados reais de investigação em Istambul: (1) Homens: 64,8%. (2) Mulheres: 25,8%. (3) Idosos e crianças: 9,4% são os resultados.

Consequentemente, os resultados que podem representar Istambul em geral dentro da qualidade da população atual e da proporção da força de trabalho com base no sexo e nos grupos etários contribuirão para campos científicos como a base de dados de engenharia e arquitetura. Nos períodos seguintes, as alterações da população e da força de trabalho devem ser actualizadas.

Passo 6. Definir as caraterísticas antropométricas dos peões. Tal como referido no capítulo 3.1.1, foram utilizadas as caraterísticas antropométricas da população turca para os diferentes tipos de personagens.

Passo 7. Determinar as velocidades dos peões na escada rolante. A velocidade dos peões na subida da escada rolante e na caminhada em terreno plano varia consoante a idade e o sexo. Neste estudo, foram utilizados os valores de velocidade dos peões indicados na Tabela 3-3.

Passo 8. Determinar o tempo de reação. Como a perceção e o tempo de reação dos peões a situações de emergência diferem de pessoa para pessoa, neste estudo, o tempo de reação e o tempo de perceção da catástrofe variam entre 0 e 60 segundos, de acordo com o perfil dos peões.

Passo 9. Determinar as dimensões dos degraus e o número de degraus da escada rolante. As dimensões dos degraus para o modelo da estação de metro de Taksim são as seguintes

Quadro 5-3: Dimensões da escada rolante na estação de metro de Taksim

Degrau (m)	**Subida de degrau (m)**	**Largura do degrau (m)**
0.40	0.20	1.00

O número de degraus da escada rolante foi calculado em 70, dependendo da diferença de distância entre a plataforma e o átrio e do ângulo de inclinação da escada rolante na estação de metro de Taksim.

Passo 10. Determinar o ângulo de inclinação (declive) da escada rolante. Todas as escadas rolantes do Metro de Taksim foram construídas com ângulos de 30°.

Passo 11. Determinar a velocidade da escada rolante. Na estação de metro de Taksim, as escadas rolantes podem funcionar a diferentes velocidades em situações de emergência e em circunstâncias normais.

A velocidade do tapete rolante foi determinada em 0,5 m/s. No cálculo da capacidade de evacuação, é estudado o movimento ao nível do átrio nas plataformas, pelo que as escadas rolantes ascendentes são consideradas neste estudo.

Passo 12. Identificar o número de degraus planos nas escadas rolantes. Os degraus planos que confortam os peões à entrada e à saída das escadas rolantes na estação de metro de Taksim foram determinados como sendo três para cada.

Passo 13. Determinar o número de repetições. Como o número inicial de *repetiçõesn* > 2, neste estudo é determinado como 10. Com estas fórmulas, o intervalo de confiança (IC) do nível de fiabilidade 1-a será obtido através de 1020 experiências para cada cenário.

Passo 14. Determinar os cenários. Neste estudo, o período de evacuação será analisado em três modelos, de acordo com a relação entre a idade e o sexo. Assim, existem três factores de interesse

1. Número de peões
a. 776 peões
b. 449 peões
c. 75 peões
2. A variação das dimensões da área de captação que o comprimento total da plataforma é de 46,25mx28,25m
a. 3,3mx5,78m
b. 6,3mx5,78m
c. 3,3mx2m
3. A variação das dimensões da área de captação que o comprimento total da plataforma é de 180mx28,25m
a. 3,3mx5,78m
b. 6,3mx5,78m
c. 3,3mx2m
4. Tempo de evacuação para pessoas do mesmo sexo
a. Homem adulto
b. Idosos e crianças

Com a simulação de eventos discretos e o método proposto, foi calculada a capacidade de evacuação das escadas rolantes na estação de metro de Taksim.

Etapa 15. Avaliar os resultados. O período de evacuação obtido a partir da simulação ARENA foi estudado em três grupos (Arena). A interação das variáveis independentes entre si e os seus efeitos na variável dependente do número individual do tempo de evacuação obtido foi analisada com um teste estatístico. A interpretação dos resultados será apresentada em pormenor no capítulo 6.

Capítulo 6

6 Análise utilizando o modelo de simulação

Nos capítulos anteriores, foram abordados o projeto, o desenvolvimento e a execução do modelo. Neste capítulo, é apresentada uma análise exploratória para avaliar os resultados da simulação. Neste capítulo, é utilizada a seguinte metodologia:

1. A medida de desempenho é determinada.
2. Os dados necessários para a análise são fornecidos através da execução da simulação 1020 vezes para 15 cenários diferentes. São efectuadas 1020 observações para manter uma dimensão de amostra relativamente grande, dada a facilidade dos cálculos.
3. Os resultados da simulação são analisados e avaliados no que respeita às medidas de desempenho, aplicando aos dados da simulação o teste de Mann-Whitney com replicação e a análise de variância unidirecional de Kruskal-Wallis com replicação.
4. Os significados tácticos da análise dos dados são interpretados.

6.1 Medida de desempenho

O modelo foi concebido para avaliar o problema específico de determinar a melhor capacidade de estimativa de emergência para os diferentes desempenhos de peões e espaço. A fim de comparar a melhor capacidade de evacuação de emergência para três desempenhos diferentes da capacidade de evacuação de emergência, é calculada uma medida de desempenho a partir dos dados de saída da simulação. A medida de desempenho utilizada neste estudo é:

$$PM = \frac{NumberOfPedestrian}{TotalEvacuationTime}$$: Número de peões por segundo

Valores mais elevados de PM indicam que muitos peões são evacuados

6.2 Análise de dados

Durante a análise de dados para um projeto de investigação, é frequentemente confrontado com uma decisão sobre o tipo de análise estatística a realizar. Existem literalmente centenas de testes alternativos e é essencial ter cuidado com a seleção do mais adequado para os dados. Se for selecionado um teste inadequado, será feita uma interpretação incorrecta dos dados. Um aspeto dos testes estatísticos que é frequentemente confuso será discutido como a diferença entre testes estatísticos paramétricos e não paramétricos.

Os procedimentos estatísticos paramétricos apresentam procedimentos inferenciais baseados em testes relativos a parâmetros como a média da população, μ, o desvio-padrão da população, a, ou a proporção da população, ρ. Em determinadas circunstâncias, a aplicação dos procedimentos paramétricos requer certos pressupostos em relação à distribuição da população, como a normalidade.

Os procedimentos estatísticos não paramétricos são procedimentos inferenciais que não se baseiam em pressupostos e requerem menos pressupostos para a realização dos testes. Estes procedimentos não exigem que uma população siga um tipo específico de distribuição (como a distribuição normal) e, por conseguinte, são frequentemente designados por procedimentos sem distribuição.

Por conseguinte, é importante que os pressupostos sejam verificados antes de se decidir qual o teste estatístico mais adequado.

Quadro 6-1: Testes paramétricos e não paramétricos
(Spiegel, 1991)

	Paramétrico	Não-paramétrico
Distribuição presumida	Normal	Qualquer
Desvio assumido	Homogéneo	Qualquer
Dados típicos	Rácio ou Intervalo	Ordinal ou Nominal
Relações entre conjuntos de dados	Independente	Qualquer
Medida central habitual	Média	Mediana
Benefícios	Pode tirar mais conclusões	Simplicidade; menos afetado por valores atípicos
Testes		
Escolher	Seleção do teste paramétrico	Seleção de um teste não paramétrico
Teste de correlação	Pearson	Spearman
Medidas independentes, 2 grupos	Teste t de medidas independentes	Teste de Mann-Whitney
Medidas independentes, >2 grupos	ANOVA de uma via, de medidas independentes	Teste de Kruskal-Wallis
Medidas repetidas, 2 condições	Teste t de pares combinados	Teste de Wilcoxon
Medidas repetidas, >2 condições	ANOVA de uma via, medidas repetidas	Teste de Friedman

Como se pode ver no quadro 6-1, os dados paramétricos têm uma distribuição normal subjacente que permite tirar mais conclusões, uma vez que a forma pode ser descrita matematicamente. Todos os outros dados são não paramétricos.

6.2.1 Teste de distribuição normal

Uma distribuição normal é descrita por quatro aspectos: média, desvio padrão, assimetria e curtose. As indicações estatísticas das distribuições normais são importantes para os testes estatísticos paramétricos baseados em pressupostos de normalidade.

A avaliação da normalidade dos dados é um pré-requisito para vários testes estatísticos, uma vez que a normalidade dos dados é um pressuposto subjacente aos testes paramétricos.

Não se pode confiar totalmente num único indicador de normalidade. As concepções gráficas, descritivas e inferenciais podem ser utilizadas com pontos fortes e limitações.

H_0 = A distribuição observada ajusta-se à distribuição normal

H_1 = A distribuição observada não se ajusta à distribuição normal

Se aceitarmos oH_0 , aceitamos/assumimos a normalidade.

6.2.1.1 Análise gráfica

A fim de verificar se os dados relativos ao período de evacuação têm uma distribuição normal ou

não, são avaliados os gráficos Histograma e Normal Q-Q plot (Figura 6-1).

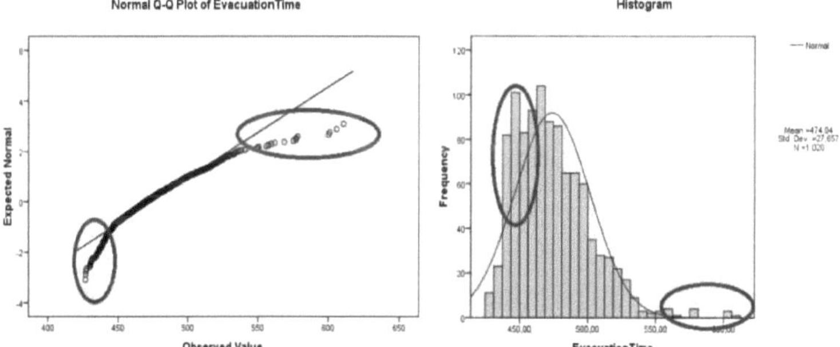

Figura 6-1: Histograma e gráfico normal Q-Q do tempo de evacuação

As partes circuladas nos gráficos mostram que não tem uma distribuição normal. Por conseguinte, a hipótese H_0 é rejeitada.

6.2.1.2 Indicadores descritivos de normalidade

A caixa "Descriptives" apresenta estatísticas descritivas sobre a variável, incluindo o valor de Skewness e Kurtosis, incluindo o erro padrão para cada variável. Esta informação será mencionada mais tarde sobre a questão da "normalidade". A "Média aparada a 5%" indica o valor médio, removendo os 5% superiores e inferiores de cada resultado. Ao comparar a "Média aparada a 5%" com a "média", é possível identificar se as pontuações extremas (como os valores atípicos que seriam removidos ao aparar os 5% superiores e inferiores) estão a ter influência na variável.

São aplicados os valores de Skewness e Kurtosis. A assimetria descreve a simetria da distribuição. A assimetria que é normal descreve uma distribuição perfeitamente simétrica. Uma distribuição positivamente enviesada tem pontuações agrupadas à esquerda, com a cauda estendendo-se para a direita. Uma distribuição negativamente enviesada tem pontuações agrupadas à direita, com a cauda a estender-se para a esquerda. A curtose descreve o pico da distribuição. A curtose normal descreve uma distribuição em forma de sino e não demasiado pontiaguda ou plana. A curtose positiva é indicada por um pico. A curtose negativa é indicada por uma distribuição plana.

Quadro 6-2: Estatísticas descritivas do tempo de evacuação

Descritivos

			Estatísticas	Erro Std.
Tempo de evacuação	Média		474,0399	.86597
	Intervalo de confiança de 95%	Limite inferior	472,3406	
	para Média	Limite superior	475,7392	
	5% Média aparada		472,2768	
	Mediana		469,7950	
	Desvio		764.909	
	Desvio Std. Desvio		27,65698	
	Mínimo		426,57	
	Máximo		610,77	
	Gama		184,20	
	Intervalo interquartil		36.84	
	Skewness		1,084	,077
	Curtose		1,991	,153

Tanto a assimetria como a curtose são iguais a zero numa distribuição normal, pelo que quanto mais longe de zero, mais não normal é a distribuição. A questão é "até que ponto" a assimetria ou a curtose tornam os dados não normais? Esta é uma determinação arbitrária e, por vezes, difícil de interpretar utilizando os valores de assimetria e curtose.

Avaliação da assimetria e da curtose:

Para avaliar a assimetria:

- 1.084+0.77=1.854
- 1.084-0.77=0.314

Para avaliar a curtose:

- 1.991+0.153=2.144
- 1.991-0.153=1.838

Assim, o intervalo de confiança de 95% para a pontuação de assimetria varia de 1,854 a 0,314 e o intervalo de confiança de 95% para a pontuação de curtose varia de

2,144 a 1,838 (Tabela 6-2). Se o zero não estiver dentro dos limites da análise (intervalos de confiança), então a hipótese nula é rejeitada e os resultados estatísticos são significativamente diferentes de uma distribuição de zero. Por conseguinte, não se trata de uma distribuição normal.

6.2.1.3 Testes inferenciais de normalidade

Os testes de significância da (não-)normalidade são demasiado sensíveis quando a dimensão da amostra é grande. Assim, é importante não confiar nos testes de significância da normalidade apenas para efetuar uma avaliação (por exemplo, para efeitos de teste de hipóteses):

- Teste de Kolmogorov-Smirnov
- Teste de Shapiro-Wilk

Quadro 6-3: Teste de normalidade do tempo de evacuação

Testes de normalidade

	Kolmogorov-Smirnov[8]			Shapiro-Wilk		
	Estatísticas	df	Sig	Estatísticas	df	Sig
Tempo de evacuação	**,070**	**1020**	,000	**,938**	**1020**	,000

1.1.1 Correção de significância de Lilliefors

O teste de Kolmogorov-Smirnov e o teste de Shapiro-Wilk são altamente significativos, indicando que a distribuição não é normal. "Sig" é a significância de um teste. Se $p < 0,05$, então, H_0 é rejeitado, uma vez que o teste é significativo.

As estatísticas do teste são apresentadas no Quadro 6-3. Para um conjunto de dados sobre o tempo de evacuação com menos de 2000 elementos, é aplicado o teste de Shapiro-Wilk; caso contrário, é utilizado o teste de Kolmogorov-Smirnov. Neste caso, como só existem 1020 elementos, é utilizado o teste de Shapiro-Wilk. De a, o valor de p é 0,000. A hipótese H_0 é rejeitada e conclui-se que os dados não têm uma distribuição normal.

Em geral, recomenda-se a utilização de indicadores gráficos e de indicadores descritivos para o teste de hipóteses de testes inferenciais. Os testes inferenciais também podem ser úteis.

O teste de distribuição normal foi implementado para todos os dados recolhidos. Os gráficos de probabilidade normal indicam que os dados da amostra não têm uma população que seja normalmente distribuída. Entendeu-se que os dados eram não-paramétricos, uma vez que os dados recolhidos não tinham uma distribuição normal. Por conseguinte, serão aplicados os testes de Mann-Whitney e de Kruskal-Wallis.

1.1.2 Teste de Mann-Whitney

Este teste introduz uma técnica não paramétrica que pode ser utilizada para testar a igualdade de duas medianas populacionais no caso de uma amostragem independente.

O teste de Mann-Whitney é um procedimento não paramétrico que é aplicado para testar a igualdade de duas medianas populacionais de amostras independentes.

A ideia subjacente ao teste de Mann-Whitney é combinar as duas amostras e classificar todas as observações da menor para a maior. Os limites são determinados encontrando a média das classificações para valores empatados.

H_0 : Dois tempos de evacuação são iguais.

H_1 : Dois tempos de evacuação não são iguais.

O período de evacuação dos peões será determinado através da utilização das escadas rolantes na estação de metro de Taksim. O período de evacuação foi calculado em função da alteração da densidade na área de captação em frente da escada rolante. Por conseguinte, neste estudo, será estudado o efeito de áreas de captação selecionadas com diferentes tamanhos. Além disso, mantendo a área de captação constante, será estudado se diferentes áreas e diferentes tempos de evacuação baseados na população pedonal têm uma diferença significativa.

Quadro 6-4: Estatísticas de teste da zona de captação

Estatísticas da prova '[1]

			Capturas a1	Capturas a2	Capturar a3
Mann-Whitney U			387647,000	381313.000	519308,000
Wilcoxon W			908357,000	902023.000	1040018,000
Z			-9965	-10,441	-067
Asymp Sig, (2-talled)			000	000	947
Sig. de Monte Carlo (bicaudal)	Sig.		000	000	952
	Intervalo de confiança de 99%	Limite inferior	000	000	,946
		Limite superior	000	000	957
Monte Carlo Sig (1 - tailed)		Sig.	000	000	469
	99% de confiança Intenel	Limite inferior	000	000	456
		Limite superior	000	000	482
			Capturar a11	Capturar a12	Capturar a13
Mann-Whitney U			519458,000	518833.000	519157,500
Wilcoxon W			1040168,000	1039543.000	1039867,500
Z			-0,56	-.103	-078
Asymp Sig, (2-talled)			956	918	938
Monte Cado Sig. (2-tailed)	Sig.		958	918	938
	Intervalo de confiança de 99%	Limite inferior	,953	.911	,930
		Limite superior	,963	,925	443
Sig. de Monte Carlo (1 cauda)		Sig.	482	464	463
	99% de confiança Interno	Limite inferior	469	,451	,450

		Limite superior	,494	.476	,476
			Capturar a751	Capturar 3752	Capturador a753
Mann-Whitney U			482037,500	490062.000	512225,500
Wilcoxon W			1002747,500	1010772,000	1032935,500
Z			-2,869	-2,266	-.599
Asymp Sig. (bicaudal)			004	023	549
Monte Cado Sig. (2-tailed)	Sig.		004	023	553
	Intervalo de confiança de 99%	Limite inferior	003	019	.540
		Limite superior	006	027	566
Monte Cado Sig. (1 cauda)		Sig.	002	012	273
	Intervalo de confiança de 99%	Limite inferior	001	009	261
		Limite superior	,003	.015	.284

a Com base em 10000 mesas amostradas com sementes iniciais 1502173562 b. Variável de agrupamento Grupo

A Tabela 6-4 fornece as estatísticas de teste efectivas para o teste de Mann-Whitney, o procedimento de Wilcoxon e o correspondente z-score. A saída do SPSS tem uma coluna para cada variável e em cada coluna há o valor da estatística U de Mann-Whitney e o valor da estatística de Wilcoxon e a aproximação z associada.

A parte importante da tabela é o valor de significância do teste, que dá a probabilidade bicaudal de que a magnitude da estática do teste seja um resultado de alteração. Este valor de significância pode ser utilizado tal como está quando não é possível fazer qualquer previsão sobre as diferenças entre grupos. No entanto, se for possível fazer uma previsão (uma área de captação mais pequena afecta o período de evacuação em comparação com uma área de captação maior), então é necessário calcular a probabilidade unilateral tomando o valor bicaudal e dividindo-o por 2. Para estes dados, o teste de Mann-Whitney é significativo (bicaudal) para a área de captação1. Esta constatação indica que 3mx2m da área de captação é superior a 3,3mx5,78m da área de captação. Para a área de captação2, os resultados são altamente significativos ($p<0,001$). As medidas da área de captação3 mostram que os resultados não são significativos ($p>0,05$). As medidas da área de captação11 mostram que os resultados não são significativos ($p>0,05$). As medidas da catchmentarea12 mostram que os resultados não são significativos

($p>0.05$). A zona de captação751 mostra que os resultados são significativos ($p<0,05$). A área de captura752 indica que os resultados são significativos ($p<0,05$). A catchmentarea753 indica que os resultados não são significativos ($p>0,05$).

Quadro 6-5: Estatísticas de teste da zona de captação

A área de influência	46,25mx28,75m & 776 pedestres			180mx28,75m & 776 pedestres			180mx28,75m & 75 pedestres		
	3,3mx2m	3,3mx5,78m	6,3mx5,78m	3,3mx2m	3,3mx5,78m	6,3mx5,78m	3,3mx2m	3,3mx5,78m	6,3mx5,78m
3,3mx2m		X	X					X	X
3,3mx5,78m	X						X		
6,3mx5,78m	X						X		

Como se pode ver no Quadro 6-5, a população pedestre total nas dimensões das zonas e a alteração da área de influência afectam o período de evacuação. As áreas assinaladas com X têm um valor significativo ($p>0,05$), pelo que existe uma diferença significativa entre as áreas assinaladas. Nestas áreas, a hipótese nula é rejeitada. Nas áreas não assinaladas, a hipótese alternativa é aceite.

1.1.3 Análise de variância unidirecional de Kruskal-Wallis

O teste de Kruskal-Wallis é um teste não paramétrico que é utilizado para testar a afirmação de que k amostras independentes provêm de populações com a mesma distribuição.

A ideia subjacente ao teste de Kruskal-Wallis é combinar as amostras das diferentes populações e classificar todas as observações da menor para a maior. O limite é determinado encontrando a média das classificações para valores empatados.

Neste estudo, afirma-se que o tempo de evacuação para os três grupos de peões com 75 peões, 449 peões e 776 peões, respetivamente, não é o mesmo. As hipóteses nula e alternativa são as seguintes:

H_0 = Os tempos de evacuação dos três grupos de peões são os mesmos

H_1 = Os tempos de evacuação dos três grupos de peões não são os mesmos

Quadro 6-6: Classificação do tempo de evacuação para diferentes grupos

Classificações

Gruoo	**N**	**Classificação média**
Tempo de evacuação 75,00	**1020**	**510,50**
449,00	**1020**	**1582,78**
776,00	**1020**	**2498,22**

Total	3060	

A Tabela 6-6 apresenta a variável dependente ("números de peões", neste caso); os nomes das condições; "N", o número de replicações em cada condição; e a classificação média para cada condição (não é particularmente útil).

Tabela 6-7: Estatística do teste de Kruskal-Wallis

Estatísticas de teste

			Tempo de evacuação
Qui-quadrado			2506,090
df			2
Asymp. Sig.			,000
Monte Carlo Sig.	Sig.		,000[a]
	Intervalo de confiança de 99%	Limite inferior	,000
		Limite superior	,000

a. Baseado em 10000 tabelas de amostragem com semente inicial 2000000.

b. Teste de Kruskal Wallis

c. Variável de agrupamento: Gruop

A saída do SPSS mostra a estatística de teste, H, para o teste de Kruskal-Wallis (embora o SPSS o rotule de qui-quadrado, devido à sua distribuição, em vez de H), os seus graus de liberdade associados (neste caso, existem três grupos, pelo que os graus de liberdade são 3-1, ou 2) e a significância. O ponto crucial é o valor de significância, que é 0,000; uma vez que este valor é inferior a 0,05, pode concluir-se que o número de peões afecta significativamente o tempo de evacuação. É também de salientar a estimativa de significância de Monte Carlo, que é ligeiramente inferior (0,000). Este é o valor que deve ser considerado em vez do valor assintótico se produzir resultados diferentes. O intervalo de confiança para a significância também é útil: é 0,000-0,000 e o facto de o limite não ultrapassar 0,05 é importante porque mostra uma suposição para o intervalo de confiança com um dos 99 em 100 que contém o valor verdadeiro da significância das estatísticas de teste, e o valor verdadeiro é inferior a 0,05. Apresenta muita confiança de que o efeito significativo é genuíno. Por conseguinte, a hipótese nula é rejeitada (Quadro 6-7).

- Existe alguma diferença entre o tempo de evacuação dos homens adultos e dos idosos e crianças?

Quadro 6-8: Descritivo dos homens adultos e das pessoas idosas e crianças

Descritivos

		Estatísticas	Erro Std.
ADULTMALE	Média	465,3828	,76087

	Intervalo de confiança de 95% para a média	Limite inferior Limite superior	463,8897 466,8758	
	5% Média aparada		462,7146	
	Mediana		459,9350	
	Desvio		590.499	
	Desvio Std. Desvio		24,30019	
	Mínimo		434,16	
	Máximo		608,61	
	Gama		174,45	
	Intervalo interquartil		23.65	
	Skewness		2,155	,077
	Curtose		6.879	.153
AGED	Média		479,5079	.71107
	Intervalo de confiança de 95% para a média	Limite inferior Limite superior	478,1 126 480,9032	
	5% Média aparada		477.2184	
	Mediana		474,5850	
	Desvio		515,732	
	Desvio Std. Desvio		22,70974	
	Mínimo		448,15	
	Máximo		615.01	
	Gama		166.86	
	Intervalo interquartil		24.55	
	Skewness		1.907	,077
	Curtose		5.561	,153

O efeito dos grupos etários e das diferenças de género no período de evacuação (a capacidade das escadas rolantes pode ser calculada em função do tempo de evacuação) foi salientado nos capítulos anteriores. A fim de indicar a diferença, o programa de simulação foi aplicado separadamente apenas a adultos do sexo masculino e a idosos e crianças. O tempo de evacuação é de 465,38 segundos quando há apenas homens adultos (Tabela 6-8). O tempo de evacuação é de 479,51 segundos quando há apenas idosos e crianças (Tabela 6-8). Quando a análise do desempenho é considerada, a capacidade de evacuação da escada rolante é de 6008 pessoas/hora apenas para os adultos do sexo masculino e de 5826 pessoas/hora apenas para os idosos.

• Existe alguma diferença entre o tempo de evacuação de homens adultos e de pessoas idosas e crianças para o modelo de fadiga?

Tabela 6-9: Descritivo de homens adultos e idosos e crianças para o modelo de fadiga

Descritivos

Grama					Erro Std
Tempo de evacuação de gorduras	ADULTOMA	Nfcan		504,4735	.89553
		Intervalo de confiança de 95% para a média	Limite inferior	502,7163	
			Limite superior	506,2308	
		5% Média aparada		501,2987	
		Mediana		498,0100	
		Desvio		818,011	
		Desvio padrão		28,60090	
		Mínimo		468,09	
		Máximo		675,28	
		Gama		207,19	
		Intervalo interquartil		27,58	
		Skewness		2.203	.077
		Curtose		7,195	.153
	AGFD	Média		520,9877	.83937

Intervalo de confiança de 95% para a média	Limite inferior	519.3406	
	Limite superior	522,6348	
5% Média aparada		518,2535	
Mediana		515,1250	
Vanance		718.636	
Desvio padrão		26.80738	
Mínimo		484,30	
Máximo		683,09	
Gama		198,79	
Intervalo interquartil		28,75	
Assimetria		1,947	.077
Curtose		5.812	.153

Tal como referido nos capítulos anteriores, a densidade é outro fator que afecta o período de evacuação. A densidade provoca atrasos no tempo de evacuação. Por conseguinte, o homem adulto mais rápido e a pessoa idosa e as crianças mais lentas foram tidos em conta em termos de velocidade de evacuação dentro da densidade. De acordo com os resultados, o tempo de evacuação da escada rolante é de 504,47 segundos quando se estuda apenas o homem adulto (capacidade de 5538 peões/hora). Quando se estuda apenas os idosos e as crianças, o resultado é de 520,99 segundos (capacidade de 5362 peões/hora) (Quadro 6-9).

Conclusão

Em caso de emergência, a evacuação do edifício é vital. Como as escadas rolantes são um dos equipamentos distintivos e amplamente utilizados nos edifícios, o principal objetivo deste estudo é estimar a capacidade de evacuação de emergência das escadas rolantes. Para o efeito, é proposto um novo modelo de comportamento de emergência dos peões, com um submodelo de aceleração/desaceleração e um submodelo de mudança de direção específico para escadas rolantes, tendo em conta as caraterísticas dos peões em termos de sexo e idade. Para formular o EEC das escadas rolantes, é utilizada uma simulação de eventos discretos com a extensão dos autómatos celulares e da teoria das filas de espera.

Em primeiro lugar, os modelos de DP são sistematicamente revistos e as abordagens de modelação são categorizadas de acordo com cinco caraterísticas: nível, tipo, incerteza, estatuto e fidelidade. Em segundo lugar, a fim de estimar a capacidade de evacuação de uma escada rolante, são desenvolvidos três modelos: modelo pedonal, modelo de escada rolante e modelo de edifício. Ao contrário dos estudos existentes, no modelo pedestre é modelado o fator de fadiga e a atitude de escolha da passagem transversal, no modelo da escada rolante são considerados os degraus planos e no modelo do edifício é considerada a distribuição dos peões e os tempos de chegada à entrada da escada rolante com base na distribuição dos peões. Em terceiro lugar, é desenvolvida uma metodologia de quinze passos para estimar de forma realista a capacidade de evacuação. Em seguida, a metodologia proposta é aplicada à estação de metro de Taksim.

Os tempos de evacuação no estudo são estimados com o programa de simulação ARENA de acordo com diferentes géneros e grupos etários e diferentes números de peões para as áreas de captação em frente à escada rolante, que são utilizados para medir a alteração da densidade em frente à escada rolante. A análise dos dados recolhidos é efectuada e observa-se que os dados são não paramétricos. De acordo com os resultados do teste não paramétrico: (1) as dimensões das áreas de captação que serão determinadas em frente à escada rolante têm um efeito no tempo de evacuação, dependendo da dimensão total da área da plataforma e do número de peões (2) a variação entre o sexo e a idade dos peões tem um efeito no tempo de evacuação (3) o número diferente de peões tem um efeito no tempo de evacuação.

Como resultado, o modelo e a metodologia propostos foram utilizados com êxito para estimar a capacidade de evacuação de uma escada rolante. Esta abordagem capta melhor a incerteza na estimativa da capacidade de evacuação do que as abordagens tradicionais, como as fórmulas empíricas. O modelo proposto melhora a estimativa da capacidade de evacuação e demonstra ser uma ferramenta útil no planeamento da evacuação de emergência num estudo de caso real. O modelo proposto não se limita à estimativa da capacidade de evacuação de escadas rolantes para estações de metro e pode também ser aplicado à estimativa da capacidade de evacuação de escadas rolantes para outros edifícios, como aeroportos, centros comerciais, etc.

Referências

Arena, S. S. Acessado em jan.2013.http://arenasimulation.com.

ASME. 2008. Código de segurança A17.1 para elevadores e escadas rolantes. Sociedade Americana de Engenheiros Mecânicos, Nova Iorque.

Averill, J., D. Mileti, R. Peacock, E. Kuligowski, N. Groner, G. Proulx, A. Reneke e H. Nelson. 2005. Relatório final sobre o colapso das torres do World Trade Center. NIST NCSTAR:1-7.

Borgers, A., e H. Timmermans. 1986. Pontos de entrada no centro da cidade, padrões de localização de lojas e comportamento de escolha de percursos pedonais: A microlevel simulation model. Socio-economic planning sciences 20:25-31.

Burghout, W. 2004. A note on the number of replication runs in stochastic traffic simulation models. Centro de Investigação de Tráfego, Instituto Real de Tecnologia, Estocolmo, Suécia.

Burstedde, C., K. Klauck, A. Schadschneider, e J. Zittartz. 2001. Simulação da dinâmica dos peões utilizando um autómato celular bidimensional. Physica A: Statistical Mechanics and its Applications 295:507-525.

Chalmet, L., R. Francis, e P. Saunders. 1982. Modelos de rede para evacuação de edifícios. Fire Technology 18:90-113.

Charters, D., e J. Fraser-Mitchell. Orientações sobre a utilização de emergência de elevadores ou escadas rolantes para evacuação e operações de serviço de incêndio e salvamento.

Choi, W., R. Francis, H. W. Hamacher, e S. Tufekci. 1984. Network models of building evacuation problems with flow-dependent exit capacities (Modelos de rede de problemas de evacuação de edifícios com capacidades de saída dependentes do fluxo). Pesquisa Operacional 84:1047-1059.

Colombo, R. M., e M. D. Rosini. 2005. Fluxos de peões e choques não clássicos. Mathematical Methods in the Applied Sciences 28:1553-1567.

Davis, P., e G. Dutta. 2002. Estimation of Capacity of escalators in London Underground (Estimativa da capacidade das escadas rolantes no metropolitano de Londres). London School of Economics and Political Sciences, Londres.

Elevator, T. 2004. "Escalators and Moving Walks planning guide," Memphis, Tennessee: ThyssenKrupp Americas Business Unit.

EN115, B. 1995. "Regras de segurança para a construção e instalação de escadas rolantes e tapetes rolantes", HMSO.

Fang, Z., W. Song, J. Zhang e H. Wu. 2010. Experimento e modelagem de comportamentos de seleção de saída durante a evacuação de um edifício. Physica A: Statistical Mechanics and its Applications 389:815-824.

Fruin, J. J. 1971. "Pedestrian Planning and Design". Nova Iorque: Metropolitan Association of Urban Designers and Environmental Planners," Inc.

Fujiyama, T., e N. Tyler. 2004. Um estudo explícito sobre a velocidade de

deslocação de peões em escadas.
Fullenkamp, A. M., K. M. Robinette, e H. A. Daanen. 2008. Gender differences in nato anthropometry and the implication for protective equipment. Documento DTIC.
Galea, E. R., L. Hulse, R. Day, A. Siddiqui, G. Sharp, K. Boyce, L. Summerfield, D. Canter, M. Marselle e P. V. Greenall. 2010. "The UK WTC9/11 evacuation study: An overview of the methodologies employed and some preliminary analysis," in Pedestrian and Evacuation Dynamics 2008, pp. 3-24: Springer.
Goodman, L. 1992. Transportation Interface Areas. JD Edwards, & I. o. Engineers (Ed.), Transportation Planning Handbook:201-293.
Güleg, E., G. Akin, M. Sagir, B. K. Özer, T. Gültekin, e Y. Bekta§. 2009. Anadolu insaninin antropometrik boyutlari: 2005 yili Türkiye antropometri anketi genel sonuglari.
Helbing, D. 1998. Um modelo de dinâmica de fluidos para o movimento de peões. arXiv preprint cond-mat/9805213.
Helbing, D., I. Farkas, e T. Vicsek. 2000. Simulação de caraterísticas dinâmicas do pânico de fuga. Nature 407:487-490.
Helbing, D., I. J. Farkas, P. Molnar, e T. Vicsek. 2002. Simulação de multidões de peões em situações normais e de evacuação. Pedestrian and evacuation dynamics 21:21-58.
Helbing, D., M. Isobe, T. Nagatani, e K. Takimoto. 2003. Simulação em rede de gás da dinâmica de evacuação estudada experimentalmente. Physical Review E 67:067101.
Helbing, D., A. Johansson, e H. Z. Al-Abideen. 2007. Dynamics of crowd disasters: An empirical study. Physical Review E 75:046109.
Helbing, D., e P. Molnar. 1995. Modelo de força social para a dinâmica dos peões. Physical Review E 51:4282.
Helbing, D., P. Molnar, I. J. Farkas, e K. Bolay. 2001. Self-organizing pedestrian movement. Environment and planning B 28:361-384.
Jacobs, B., e P. t Hart. 1992. Desastre no estádio de Hillsborough: A comparative analysis. Hazard management and emergency planning, capítulo 10.
Jiang, B. 1999. SimPed: simulação de fluxos pedonais num ambiente urbano virtual. Journal of geographic information and decision analysis 3:21-30.
Jiang, C., Y. Deng, C. Hu, H. Ding e W. K. Chow. 2009. Crowding in platform staircases of a subway station in China during rush hours (Aglomeração nas escadas da plataforma de uma estação de metro na China durante as horas de ponta). Safety Science 47:931-938.
Kauffmann, P. D. 2011. Traffic Flow on Escalators and Moving Walkways: Quantifying and Modeling Pedestrian Behavior in a Continuously Moving System (Quantificação e modelação do comportamento dos peões num sistema em movimento contínuo), Virginia Polytechnic Institute and State University.

Kinsey, M. J., E. R. Galea, e P. J. Lawrence. 2009. "Modelo alargado do comportamento de uma escada rolante para peões com base em dados recolhidos numa estação de metro chinesa". Actas da Conferência sobre Comportamento Humano no Fogo, pp173-182, 2009.
Kirchner, A., H. Klüpfel, K. Nishinari, A. Schadschneider, e M. Schreckenberg. 2004. Discretization effects and the influence of walking speed in cellular automata models for pedestrian dynamics. Journal of Statistical Mechanics: Theory and Experiment 2004:P10011.
Klingsch, W., C. Rogsch, A. Schadschneider, e M. Schreckenberg. 2010. Pedestrian and evacuation dynamics 2008: Springer.
Koo, J., B.-I. Kim, e Y. S. Kim. 2014. Estimar os efeitos da desorientação mental e da fadiga física numa evacuação semi-pânica. Expert Systems with Applications 41:2379-2390.
Kretz, T., A. Grünebohm, A. Kessel, H. Klüpfel, T. Meyer-König, e M. Schreckenberg. 2008. Distribuição da velocidade de marcha no andar de cima numa escada longa. Safety Science 46:72-78.
Law, A. M., e W. D. Kelton. 1991. Simulation modeling and analysis. Vol. 2:
McGraw-Hill Nova Iorque.
Lee, D., H. Kim, J.-H. Park, e B.-J. Park. 2003. The current status and future issues in human evacuation from ships. Safety Science 41:861-876.
Li, Y., X. Sun, X. Feng, C. Wang e J. Li. 2012. Estudo sobre evacuação em incêndio de estação de transferência de metro por STEPS. Procedia Engineering 45:735-740.
Lim, E. A. 2011. Comportamentos de seleção de saída durante uma evacuação da sala de aula.
L0vas, G. G. 1994. Modelação e simulação do fluxo de tráfego pedonal. Transportation Research Part B: Methodological 28:429-443.
MacGregor Smith, J. 1991. State-dependent queueing models in emergency evacuation networks (Modelos de filas de espera dependentes do estado em redes de evacuação de emergência). Transportation Research Part B: Methodological 25:373-389.
Miller, D. L. 2013. Introdução ao comportamento coletivo e à ação colectiva: Waveland Press.
Muramatsu, M., T. Irie, e T. Nagatani. 1999. Transição de bloqueio no contra-fluxo de peões. Physica A: Statistical Mechanics and its Applications 267:487-498.
Nagel, K. 2004. Simulação multiagente de transportes. Tráfego 2.
O'Neil, R. S. 1974. Escadas rolantes em estações de trânsito rápido. Transportation Engineering Journal of the American Society of Civil Engineers 100:1-12.
Okazaki, S. 1979. Um estudo do movimento de peões no espaço arquitetónico. Parte 1: movimento de peões através da aplicação de modelos magnéticos. Trans. of AIJ 283:111119.
Okazaki, S., e S. Matsushita. 1993. "Um estudo do modelo de simulação do

movimento de peões com evacuação e filas de espera". Conferência Internacional sobre Engenharia para Segurança de Multidões, 1993, pp. 271-280.
Parker, D. C., S. M. Manson, M. A. Janssen, M. J. Hoffmann, e P. Deadman. 2003. Multi-agent systems for the simulation of land-use and land-cover change: a review. Annals of the Association of American Geographers 93:314-337.
Pelechano, N., e N. I. Adviser-Badler. 2006. Modelação do movimento realista de multidões de agentes autónomos de alta densidade: forças sociais, comunicação, papéis e influências psicológicas: Universidade da Pensilvânia.
Peng, G., e H. J. Herrmann. 1994. Ondas de densidade do fluxo granular num tubo usando autómatos de gás em rede. Physical Review E 49:R1796.
Proulx, G. 2008. Movimento de pessoas: O tempo de evacuação. Em P. J. DiNenno (Ed.), The SFPE Hanbook of Fire Protection Engineering (Fourth ed., pp. 3:355-372). Quincy: Associação Nacional de Proteção contra Incêndios.
Sarmady, S., F. Haron, e A. Z. Talib. 2011. Um modelo de autómatos celulares para movimentos circulares de peões durante o Tawaf. Simulation Modelling Practice and Theory 19:969-985.
Schadschneider, A. 2001. Abordagem do autómato celular à teoria da dinâmica dos peões. arXiv preprint cond-mat/0112117.
Schadschneider, A., W. Klingsch, H. Klupfel, T. Kretz, C. Rogsch, e A. Seyfried. 2009. "Evacuation dynamics: Empirical results, modeling and applications," in Encyclopedia of complexity and systems science, pp. 3142-3176: Springer.
Shi, C., Y. Li, R. Huo, B. Yao, W. Chow e N. Fong. 2004. "Exaustão mecânica de fumos para incêndios em pequenas lojas de retalho". Congresso e Exposição Internacional de Engenharia Mecânica ASME 2004, 2004, pp. 11-26.
Shi, C., W. Lu, W. Chow e R. Huo. 2007. Uma investigação sobre o desenvolvimento da pluma de derrame e o enchimento natural num átrio de grandes dimensões à escala real sob um incêndio numa loja de retalho. Revista internacional de transferência de calor e massa 50:513-529.
Shields, T., e K. Boyce. 2000. Um estudo de evacuação de grandes lojas de retalho. Fire Safety Journal 35:25-49.
Spearpoint, M., e H. A. MacLennan. 2012. The effect of an ageing and less fit population on the ability of people to egressing buildings. Ciência da Segurança 50:1675-1684.
Spiegel, M. R. 1991. Theory and problem of statistics. Nova Iorque: McGRAWHILL.
Still, G. K. 2000. Crowd dynamics, Universidade de Warwick.
Sutthawassuntorn, K. 2010. Study and Analysis of Passenger Movement and Service on Escalators at Metro Station (Estudo e análise do movimento de passageiros e do serviço nas escadas rolantes da estação de metro).

Turner, D. L. 1998. Escadas rolantes e tapetes rolantes. The Vertical Transportation Handbook, Terceira Edição: 219-244.
Turner, R. H., e L. M. Killian. 1964. Collective behavior: Prentice-Hall.
Varas, A., M. Cornejo, D. Mainemer, B. Toledo, J. Rogan, V. Munoz, e J. Valdivia. 2007. Modelo de autómato celular para o processo de evacuação com obstáculos. Physica A: Statistical Mechanics and its Applications 382:631-642.
Waldau, N., P. Gattermann, H. Knoflacher, e M. Schreckenberg. 2007. Pedestrian and evacuation dynamics 2005: Springer.
Yi-fan, L., C. Jun-min, J. Jie, Z. Ying e S. Jin-hua. 2011. Análise do grau de lotação da evacuação de emergência na posição de "estrangulamento" na estação de metro com base no nível de serviço das escadas. Procedia Engineering 11:242-251.

Printed by Books on Demand GmbH, Norderstedt / Germany